新技術融合シリーズ：第7巻

生物型システムのダイナミックスと制御

(社) 日本機械学会編

2002

東 京
株 式 会 社
養 賢 堂 発 行

巻 頭 言

　約10年前，日本機械学会から「メカトロニクス」シリーズが出版されて以来，エレクトロニクス技術と精密加工技術の進歩に支えられ，各種の産業機器はメカトロニクス化が著しく進展した．特に，非接触で制御しやすく，高度の機能化が可能な電気・磁気的要素に機械要素の多くが置き換えられつつある．さらに，高機能性材料を用いた各種の高性能なセンサやアクチュエータが開発されつつある．

　このような状況において，機械，電気・電子，制御，材料工学の融合が一段と進み，機械や構造物のインテリジェント化が可能となりつつある．すなわち，インテリジェント化により高性能化のみならず人や環境にやさしい柔軟な構造物が実現できる．さらに，材料自身のインテリジェント化の研究も始まっている．

　以上の認識のもとに，「新技術融合」シリーズ(全8巻)として，出版分科会(別記のとおり11名の委員で構成)を設けて編集に当たり，ここに出版の運びとなったことは，機械や構造物のインテリジェント化の進展にとって有意義であり，時宜を得たものと思われる．

　本書の読者としては，機械工学，電気工学，制御工学専攻の学生はもとより，すでに実務に携わっている技術者，研究者をも対象としている．これらの人達のために理解しやすい解説書であり，実務書であるよう企画・編集した．各巻のテーマは日本機械学会機械力学・計測制御部門と関係が深いものに絞り，各巻ごとに基礎から応用までを視野に入れて執筆された．なお，各巻は日本機械学会所属の研究会報告書や講習会テキストなどから抜粋されたものもあるが，各巻の内容が豊富で，読者にとって役に立つものであると確信している．

　インテリジェント化の進歩は，目下極めて顕著であるが，本書から最先端分野の現状と社会のニーズ，および将来の方向を読み取っていただければ幸いである．

巻頭言

分科会委員諸賢，ならびに日本機械学会事務局長 高橋征生氏と養賢堂 及川清社長ならびに三浦信幸氏に心からお礼申し上げ，本書がこれらの方々の期待に応えることを祈念する次第である．

2001年4月

谷　順　二

「新技術融合」シリーズ出版分科会

　　主　査
　谷　順　二　　東北大学 流体科学研究所 教授
　　幹　事
　清　水　信　行　いわき明星大学 理工学部 教授
　　委　員
　岩　壺　卓　三　神戸大学 工学部 教授
　岡　田　養　二　茨城大学 工学部 教授
　斉　藤　　　忍　石川島播磨重工業(株) 技術本部 技監
　鈴　木　浩　平　東京都立大学 工学部 教授
　背　戸　一　登　日本大学 理工学部 教授
　長　松　昭　男　法政大学 工学部 教授
　永　井　正　夫　東京農工大学 工学部 教授
　原　　　文　雄　東京理科大学 工学部 教授
　山　田　一　郎　日本電信電話(株) NTT生活環境研究所 所長

序

　機械が発明され人間のために使用され，そしてその使命を終えていく．人間の新たな「欲望」に答える機械が発明され，改良され，そして他の新しい機械が更に発明される．18世紀の蒸気機関の発明から，紡織機，自動車，飛行機，ロボットへの発展を眺めると，機械システムは「社会淘汰」の圧力を受けて進化していると見える．これまでの機械システムの設計は，設計仕様を与え，それを満足する機械要素を選定しシステムとして構成することといえよう．機械システムは与えられた設計仕様の条件の中で運転しているときは，その機能を発揮するが，ひとたびその仕様から外れた条件では，その機能が十分にまたは全く発揮できないという問題が常に存在した．この問題は，機械システムの適応性をいかに確保するかという工学の課題であり，機械の構造性能に関する設計では，古くから「安全率」という余裕を機械に与えて問題解決を図ってきた．また機械の機能性能に関する制御工学の分野では，「適応制御」という学問を発展させてきた．

　ところで，「機械システムは身体を持った人工物システムである」と言う視点に立とう．機械システムは物理的身体，すなわち大きさや形，構成材料，そして運動機能のメカニズムを持ち，環境との物理的インターラクションをすることから機能を発現していると言えよう．このように考えると，機械システムと環境とのインターラクションにおいて，環境の変化に応じて機械のシステム構成を変化し仕様の機能発揮が可能になるであろうか．機械システムの機能のロバスト性の向上は工学の大きな課題であり，また永遠の課題である．このように設計された人工物システムが設計仕様の枠外でも機能することの可能性を考えると，その問題解決として，われわれはその視野を生物システムに向けることを思いつく．それは，生物システムが物理的身体を持ち環境の中で活動し，長い時間経過の中で激変する環境に生き延びてきていること，すなわち，生物としての機能を発揮し続けていることを知っているからであろう．「生物に解を求める」ことは，生物を真似するのではなく，生物システムの機能発現のメカニズムを知ることであり，そこにある構

成原理を知ること，その構成原理を実現する設計原理を確立すること，そしてそれを人工物でつくる工学システムの構築へと拡張・普遍化することであろう．

以上の視点から，工学システムの新しい構成，すなわち，その形態構成，ダイナミックス，及び制御の構成原理を求めて，生物システムに学ぶことの大切さを本書で提唱したい．一般に，機械システムのように物理的身体を持つ人工物システムの機能は，エネルギーと情報の変換であるといえる．エネルギーは力と運動から，情報は運動から構成されることを考えると，生物システムの「運動」と「情報」の生成機能はもっとも基本的で普遍的な機能といえよう．そこで，本書は，「生物型システムのダイナミックスと制御」と題して，魚を代表とする遊泳動物，昆虫のような6足動物，犬や馬のような4足動物，人間を代表とする2足動物における「運動機能」についてのダイナミックスと制御，そして人間の顔表情を代表とする「情報機能」における力学と制御について，斯界の第一人者に執筆していただいた．すなわち

第1章では，精子・ヘビ形の推進の流体力学的原理，コイ・フナ形の推進力の発現メカニズムの流体力学，そして高速に遊泳できるマグロ・イルカ形の推進メカニズムの流体力学を丁寧にわかりやすく解説する．そして，イルカ形ロボットによる実証的実験を紹介する．

第2章では，昆虫型の6足ロボットの自律歩行の力学原理について，新しい非線形振動子を用いて自律的歩行パターンを環境に合わせて自律的に生成するメカニズムを詳細に説明し，生物型システムと従来の制御システムとの本質的差異を明快に解説する．あわせて，6足歩行ロボットによる実証的成果を紹介する．

第3章では，犬や馬のような4足動物の歩容の基礎から，静歩行と動歩行の動的安定性の原理，ゼロモーメントポイントについて解説する．さらに安定な動歩行を実現する軌道計画，アクティブサスペンション制御について詳細に説明し，その有効性を2足歩行ロボット（タイタン6号）による実験で紹介する．

第4章では，人間の2足歩行の実現を目指して，2足歩行ロボットの歩行のダイナミツクスの定式化とその安定のためのゼロモーメントポイント制御

の方式,歩行の安定性解析,パッシブダイナミック歩行ロボット,歩行ロボット(MELTAN II)及びホンダの歩行ロボット(ASIMO)等を丁寧に紹介する.

　第5章では,人間の顔表情という「情報」を生成する顔ロボットと人間とのインタラクテイブコミュニケーションの実現を目指して,顔表情の心理学的分野で開発されたアクションユニットに基づく顔表情生成の設計,軟らかい動作のできるマイクロアクチュエータの開発,顔ロボットの製作,顔ロボットでの静的顔表情表出特性の実験,動的顔表情表出のためのアクチュエータの改良と動的顔表情表出の実験についてソフトメカニクスの視点から解説する.

　本書が「生物型システムのダイナミックスと制御」に関心を持たれる研究者や大学院生にとって少しでも役立ち,さらには,新しい人工物システムの構成原理の開拓に関心をもたれている研究者に「一筋の光」となれば,本書を企画した編者にとって大変幸いである.

平成13年12月16日
原　文雄(東京理科大学)
矢野雅文(東北大学)

執筆者一覧

代表執筆者

　原　　文　雄（東京理科大学 工学部）……………第5章
　矢 野 雅 文（東北大学 電気通信研究所）…………第2章

執 筆 者

　中 島　　求（東京工業大学 工学部）………………第1章
　矢 野 雅 文（東北大学 電気通信研究所）…………第2章
　米 田　　完（東京工業大学 工学部）………………第3章
　古 荘 純 次（大阪大学 大学院工学研究科）………第4章
　武 居 直 行（大阪大学 大学院工学研究科）………第4章
　原　　文　雄（東京理科大学 工学部）………………第5章
　小 林　　宏（東京理科大学 工学部）………………第5章

目　次

第1章　高速遊泳動物の推進におけるダイナミックス

1.1　はじめに……………………1
1.2　基礎事項…………………… 3
　1.2.1　レイノルズ数………… 3
　1.2.2　支配方程式…………… 3
　1.2.3　推進効率の定義……… 4
1.3　推進における流体力学の基礎理論……………………………… 5
　1.3.1　遊泳動物の推進形態の流体力学的分類………………… 5
　　(1)　精子・ヘビ形推進……… 5
　　(2)　コイ・フナ形推進……… 6
　　(3)　マグロ・イルカ形推進… 6
　　(4)　その他…………………… 7
　1.3.2　精子・ヘビ形推進の理論（抵抗力理論）…………… 8
　1.3.3　コイ・フナ形推進の理論（細長物体の理論）………12
　1.3.4　マグロ・イルカ形推進の理論（尾びれに対する2次元振動翼理論）………14
　1.3.5　分類の連続性と分化の理由に関して……………22
1.4　高速遊泳におけるダイナミックスに関する著者らの研究……23
　1.4.1　高速遊泳における体・流体の連成の影響…………23
　1.4.2　3関節平板形モデル……24
　1.4.3　2関節イルカ形モデル…27
　　(1)　マグロ・イルカ形推進のモデル化…………………27
　　(2)　解析結果………………29
　　(3)　実際のイルカとの比較…33
　　(4)　イルカロボットによる実験………………………33
1.5　おわりに……………………36
参考文献…………………………37

第2章　6足昆虫ロボットの自律歩行の力学原理

2.1　はじめに……………………39
2.2　無限定問題と生命システム…41
2.3　不完結システムとしての多形回路……………………42
2.4　歩行制御……………………49
2.5　歩行パターンのシミュレーションとロボットの製作……56
　2.5.1　歩行パターンの速度による変化…………………58
　2.5.2　Load Effect ……………58
　2.5.3　Amputation ……………58
　2.5.4　Stability…………………59
参考文献…………………………65

第3章 4足ロボットのダイナミックスと制御

3.1 歩容の基本……………………66
　3.1.1 クロール歩容とトロット歩容……………………66
　3.1.2 ウェーブ歩容……………68
　3.1.3 間欠トロット歩容………69
3.2 動的安定性とゼロモーメントポイント……………………70
　3.2.1 静歩行と動歩行…………70
　3.2.2 動的安定性………………71
　3.2.3 ゼロモーメントポイント……………………………73
3.3 動歩行の軌道計画……………78
　3.3.1 水平揺動歩行の導入　78
　3.3.2 リアルタイム指令による全方向移動に対応した着地点決定…………………81
　3.3.3 動的安定性を保つための胴体軌道生成……………85
3.4 アクティブサスペンション制御……………………………92
　3.4.1 位置制御から力制御へ…92
　3.4.2 スムーズな着地の実現…94
　3.4.3 スカイフックサスペンション…………………………96
参考文献……………………………104

第4章 2足歩行のダイナミックスと制御

4.1 はじめに………………………105
4.2 歩行ロボットの機構…………106
4.3 運動方程式および衝突方程式………………………109
　4.3.1 足底が剛体のモデル…109
　4.3.2 足底の粘弾性を考慮したモデル……………………111
　4.3.3 減速機の特性を考慮したモデル……………………111
4.4 2足歩行システムの角運動量およびZMP……………113
　4.4.1 歩行システムの角運動量……………………………113
　4.4.2 ゼロモーメント点(ZMP)……………………………113
　4.4.3 ZMPの制御………………116
4.5 5リンク2足歩行ロボット………………………118
　4.5.1 健脚1型の歩行………118
　　(1) 遊脚着地時の衝撃を緩和する効果……………………118
　　(2) 支持脚の交換によって生じる角運動量の損失を補い，歩行の継続を可能とする効果……………………118
　4.5.2 生物の歩行との比較…120
4.6 倒立振子モデルによる解析……………………………121
　4.6.1 足部を持たない倒立振子モデル……………………121
　4.6.2 足部を持つ倒立振子モデル……………………………124
4.7 パッシブ(受動)歩行ロボット……………………………126
4.8 歩行制御の方策………………129
　4.8.1 着地制御…………………129

- (1) 着地点制御(歩幅制御) ……………………………129
- (2) 着地時の重心位置による制御(重心位置制御) …129
- (3) 着地外形および着地速度制御 ……………………129
- 4.8.2 足首トルクによる制御 ……………………………129
- 4.8.3 遊脚の振りおよび上体の運動による制御 ……130
- 4.9 歩行ロボット ……………132
  - 4.9.1 BLR-G3の歩行 ………132
  - 4.9.2 MELTRAN II の歩行 ……………………………136
  - 4.9.3 ホンダヒューマノイドロボット ………………139
- 4.10 2足歩行ロボットに関する各種研究………………144
  - 4.10.1 WL-5, WL-10 RD, WABIAN-R…………144
  - 4.10.2 人間協調・共存型ロボットシステム……145
  - 4.10.3 歩容の最適化………145
  - 4.10.4 低次元モデル………146
  - 4.10.5 各種の研究…………148
- 4.11 おわりに……………………149
- 参考文献 ………………………150

第5章 顔ロボットにおける表情表出の力学と制御

- 5.1 はじめに ……………………155
- 5.2 顔ロボットの設計 …………157
  - 5.2.1 設計要件 ………………157
  - 5.2.2 AUに基づいた顔面の制御点の設計 …………158
  - 5.2.3 FMAの配置と表情表出機構 ……………………162
- 5.3 顔ロボットの全体構成 ……164
- 5.4 シリコン顔皮慮の製作と取り付け ………………166
- 5.5 顔ロボットでの静的顔表情の表出 ………………168
  - 5.5.1 顔ロボットの制御点の移動量 …………………168
  - 5.5.2 6基本表情の表出実験とその評価 ……………169
- 5.6 顔ロボットによる動的な表情表出 ………………171
  - 5.6.1 FMAの問題点 ………171
  - 5.6.2 顔表情の表出における特徴点の動的変化 ……172
  - 5.6.3 新しいアクチュエータ ACDIS ………………174
  - 5.6.4 ACDISによる動的な表情表出実験 …………177
- 5.7 まとめ ………………………178
- 参考文献 ………………………180
- 索 引 …………………………183

第1章 高速遊泳動物の推進におけるダイナミックス

1.1 はじめに

　脊椎を軸とした全身の屈曲運動による水中推進方式は，自然界において多くの魚類や鯨類などに見られる．特にマグロなどの高速遊泳魚では，運動は胴体後部に限定されているものの，瞬間最高速度は 100 km を越えるともいわれており，小形のイルカでも瞬間最高速度 55 km との観察結果が報告されている．このような優れた遊泳能力は，厳しい生存競争に打ち勝つため長い進化の過程を経て得られたものであるから，その力学的原理を明らかにし，船舶や水中ロボット等の人工物に応用することにより，新たな推進システムを創造することも可能となるだろう．

　このような魅力的な性質のため，魚形の推進については，運動の観察に始まり，理論流体力学による解析や工学者による船舶への応用の試み等々，様々な研究が古くからなされてきた．ここでは代表的なものをいくつか取り上げよう．まず魚類の運動へのアプローチとして，最も単純かつ直接的な方法はそのものを観察することである．ベインブリッジ[1,2]はウグイ，マス，キンギョの推進速度，尾の周波数とその振幅等を測定した．またグレイ[3]は，魚類などのサイズが大きいものとは異なるが同じ屈曲形の推進であるウニの精子の一本の鞭毛による運動の観察による測定と，簡略化した近似理論による理論解析を行なった．

　また，ライトヒルは航空機の解析に用いられていた流体力学理論を巧みに魚類などの運動に適用した．まず彼は魚類等の屈曲体をロケット等のような細長物体とみなし，体の"くねり"による流体の付加質量による運動量変化から推力および摩擦抵抗に打ち勝つ推進運動の流体力学的効率を求めた[4]．その結果，推進速度よりわずかに速く進行するくねりを作れば，推進効率はかなり 1 に近くできることなどを簡単な式の形で明らかにした．この理論については 1.3.3 節で述べる．さらにライトヒルは彼の理論を押し進め，文献[5]の前半部分では，上記の定式化を背びれなどの他のひれがある場合に拡

張し，後半では航空機のフラッタ解析に用いられていた2次元振動翼理論をマグロやイルカ等の高速遊泳動物に見られる高アスペクト比の尾びれの解析に適用した．推進効率に関しては，ヒービング(並進運動)とピッチング(回転運動)の位相を90°ずらし，かつピッチングの軸を翼前縁から翼弦長の3/4近辺とするのが最も効率的であることを明らかにし，さらに無次元化した振動数やフェザリングパラメータというパラメータと推力・推進効率の関係を明らかにした．この理論については1.3.4節でも述べるが，現在でも尾びれの解析の基礎となっている重要な理論である．

また魚形推進の工学的応用としては，一色[6,7]から研究を受け継いだ森川[8]が，魚類の尾びれを船舶の推進装置として応用し，実際のボートにひれ機構を取り付け，実船実験を行なっている．その結果推進効率は平均66％と実機としてはかなり良い結果を得ている．MITのトリアンタフィローら[9]は，回流水槽中でマグロの動きを再現するロボット"シーボーグ"を開発しており，流体力と運動の測定を行なっている．国内でも永井らが振動翼推進船の開発[10]など精力的に研究を続けている．ごく最近では，アンダーソンら[11]が全長2.4 mの自航式のマグロ形ロボット"VCUUV"を開発し，最大1.2 m/sの推進速度と，75°/sの左右への旋回を達成している．また平田[12]も全長340 mmと小形ながら，直進および旋回が可能な魚ロボットを開発している．

以上のように，魚形屈曲水中推進の工学的応用としては，ごく最近になって自航式ロボットが開発され始めているが，それらの運動能力はマグロやイルカにはまだまだ及ばないのが現状である．この原因としては，技術面も勿論あるが，このような高速遊泳動物達の泳行におけるダイナミックスを捉え得る解析理論が確立されていないことも重要な原因であろう．この状況に鑑み筆者らは近年，マグロやイルカなどの高速遊泳におけるダイナミックスを捉え得る解析法を確立すべく研究を行なってきた[13,14,15,16,17]．そこで本章では，従来の代表的基礎解析理論のいくつかを紹介し，さらにそれらの流れに沿って高速遊泳におけるダイナミックスに関する著者らの研究についても紹介する．

本章の構成を以下に述べる．まず1.2節では，遊泳動物の泳行における流

体力学の基礎事項と，本問題に特有な事項について述べる．1.3節では，まず流体力学理論の観点から様々な遊泳動物の推進形態を分類する．次にその分類に沿って，動物の精子などの鞭毛や，ヘビなどの，ひも状の体をくねらせて遊泳するのが特徴の「精子・ヘビ形推進」における解析理論，最も一般的な魚類に見られる「コイ・フナ形推進」における解析理論，最も高速遊泳に適応した形態と考えられる「マグロ・イルカ形推進」における解析理論の3種類の従来の基礎理論について解説する．そして1.4節において，筆者らが提唱する，高速遊泳における体・流体連成系のダイナミックスを考慮した解析について解説する．

1.2 基礎事項

まず遊泳動物の泳行における流体力学の基礎事項と，本問題に特有な事項について述べる．

1.2.1 レイノルズ数

水中生物のスケールは実に様々である．下はバクテリアのような$1\,\mu$m 程度の鞭毛生物から，上は 30 m 前後の鯨類まで10^7程度も異なる．同じ水中であっても，大きさおよび速度が異なると，水の流体としての振る舞いは大きく異なってくる．小さく遅い流れにおいては，流体の粘性の効果が支配的になるのに対し，大きく速い流れにおいては流体の慣性力が支配的となる．この両者の影響の割合を表すパラメータがレイノルズ数 Re である．

$$Re = \frac{Ul}{\nu} \tag{1.1}$$

U は代表速度，l は代表長さ，ν は流体の動粘度である．バクテリアとクジラでは，Re は 10^{-6} から 10^8 ほども異なっている．

1.2.2 支配方程式

魚形推進においては，水の圧縮性は無視できるので，流体としては 3 次元非圧縮粘性流体の仮定が成り立つ．3 次元非圧縮粘性流体の支配方程式は，ナビエ・ストークス方程式と連続の式であり，以下のように表される．

$$\frac{\partial \boldsymbol{u}}{\partial t} + (\boldsymbol{u}\cdot\nabla)\boldsymbol{u} = -\nabla p + \frac{1}{Re}\nabla^2 \boldsymbol{u} \tag{1.2}$$

$$\nabla \cdot \boldsymbol{u} = 0 \qquad \boldsymbol{u} = (u,v,w)^T \tag{1.3}$$

ただし(u, v, w)は(x, y, z)座標の流速成分，pは圧力，$\nabla = (\partial/\partial x, \partial/\partial y, \partial/\partial z)$である．本式を直接解くには，いわゆるCFD(計算流体力学)的手法が必要となり，高いレイノルズ数の場合には多大な計算量を必要とする．

1.2.3 推進効率の定義

遊泳動物の定常推進におけるパワー効率を定義しよう．船舶工学においては，推進効率(準推進係数)η_sは，

$$\eta_s = \frac{\text{有効馬力}}{\text{伝達馬力}} \tag{1.4}$$

と定義される[18]．有効馬力とは船体の抵抗(曳航試験により得られる)に推進速度を掛けて得られ，伝達馬力は，動力機関からプロペラに伝わる正味の馬力である．遊泳の推進効率ηもこの定義にならうと

$$\eta = \frac{UD}{\bar{P}} \tag{1.5}$$

と定義するのが自然であろう．Uは推進速度，Dは体をまっすぐにして水中を曳航させたときの抵抗，$\bar{P}$は体の消費パワー(メカとしての有効パワー)の時間平均である．ここで興味深いのは，船舶の場合には曳航試験における船体の抵抗と航行時の抵抗とに大きな違いは無いが，遊泳動物の推進の場合には，曳航試験時と推進時では体の運動状態が大きく異なるため，式(1.5)の推進効率ηは1を超えることも有り得る．効率が1を超えるというと驚かれるかもしれないが，これは式(1.5)において異なる力学的状態を一つの式中で用いているからである．船舶の場合，"船体の抵抗は曳航試験の時と推進時でほとんど変化しない"という仮定がほぼ成立しており，"推進時でも，曳航時の船体の抵抗に打ち勝つようにスラスタ(スクリュープロペラ)が推力を発生している"と考えることが可能であるが，魚形の推進の場合，船舶でいうところの船体とスラスタとを明確に分離できないため，推力と抵抗が明確に分離できないのである(推力と抵抗が分離できないことによる難しさについては，田中・永井[19]も指摘している)．

1.3 推進における流体力学の基礎理論

1.3.1 遊泳動物の推進形態の流体力学的分類

前節でも述べたように，遊泳動物を取り巻く流体は3次元非圧縮粘性流体であり，直接的に解くには多大な計算量を必要とする．そこで1950年代前後より行なわれてきた流体力学的研究では，いかに適切な近似を施すかが重要であった．ここで，どのような近似を施し流体力学的アプローチを行なうのが最も適切であるかは，その遊泳形態に大きく依存する．そこで本節ではこのような観点から遊泳動物達の遊泳形態を分類し，それぞれに適した理論をより詳しく述べていく．さらに本節の最後で，分類の意義や適用範囲などについて検証する．

なお推進形態については，従来ライトヒル[20]などによりウナギ形 Anguilliform，アジ形 Carangiform 等と分類されてきた．しかしそこでの Anguilliform には「コイ・フナ形推進」(後述)まで含まれており，ややはっきりしなかった．そこで本章では Anguilliform 推進を，適用する流体力学理論の違いから「精子・ヘビ形推進」(後述)と「コイ・フナ形推進」に分けることにした．Carangiform 推進は「マグロ・イルカ形推進」(後述)にほぼそのまま対応している．

(1) 精子・ヘビ形推進

スケールが大きく異なる精子とヘビを一つにまとめてしまうのはやや乱暴に見えるかもしれないが，両者の推進する原理は実はほぼ同様とみなすことができる．すなわち，図1.1のように，ひも状に細長い体(精子の場合は鞭毛)を波の形にくねらせ，その波を後方に進行波として送ることにより推力を得る方法である．このとき波の振幅は体の直径の何倍にもなっている．

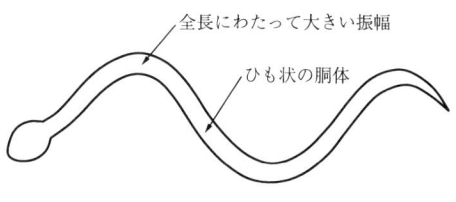

図1.1 精子・ヘビ形推進

1.3.2 節で解説するように，この推進方式においては，細長い体の軸に平行な方向と垂直な方向の抵抗力の差が推力の源となっている．ただし，当然ではあるが，精子のようなスケールの小さい場合と，ヘビのようなスケールの大きい場合とでは，体軸に垂直な方向の抵抗力の発生メカニズムは流体力学的に全く異なる．このことについては 1.3.2 節で詳しく述べる．

(2) コイ・フナ形推進

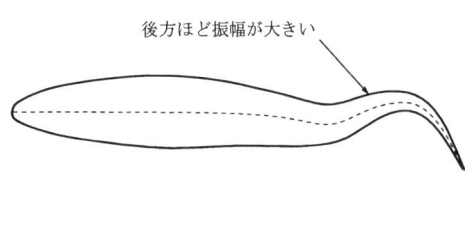

精子・ヘビ形推進よりも，より水中で動き回ることに適していると考えられるのが，魚類において最も一般的に見られるコイ・フナ形推進であろう．この推進方式では，図 1.2 のように，体断面形状は体軸方向に関してゆるやかに変化するものの，ヘビのようなひも状ほどには細長くなく，運動としても進行波が一応確認されるものの，後方に向かうにつれ振幅が大きくなっていくという特徴がある．また胴体直径に比べた振幅の大きさも精子・ヘビ形推進のように大きくはない．

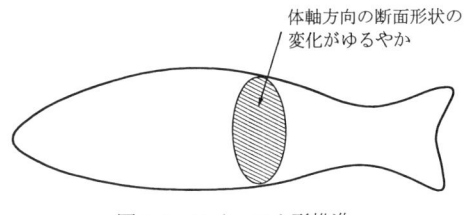

図 1.2 コイ・フナ形推進

(3) マグロ・イルカ形推進

高速に遊泳するマグロやカジキなどの魚類やイルカなどの哺乳類は，生物学的系統が全く異なるにも関わらず，図 1.3 に示すような共通の体形状および運動形態を持ってお

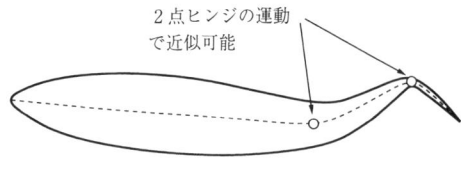

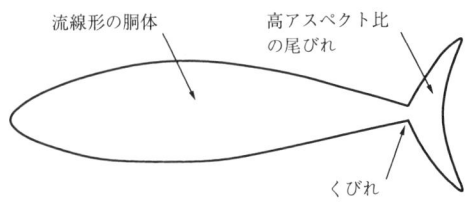

図 1.3 マグロ・イルカ形推進

り，高速遊泳にはこのような体形状が最も適していることを証明している．すなわち，胴体は流線形をし尾びれとの接合部で細くくびれ，尾びれは高アスペクト比の翼状であり（アスペクト比は，（翼幅の2乗）／（翼面積）として定義され，翼の"細長さ"を表す），コイ・フナ形推進のものよりもはるかに頑丈である．この場合には，精子・ヘビ形推進やコイ・フナ形推進に見られるような体のくねりは，体の後部1/3程度に限定されており，はっきりとした進行波は観察されない．この運動様式は，古くはシュライパー[21]がイルカの運動の観察結果に基づき指摘し，また東[22]，田中・永井[19]らも指摘しているように，尾びれを駆動するための単なる屈折運動であると考えられる．すなわち，尾びれに振幅を与えるための大きな屈曲と，尾びれに角度を与えるための尾びれ付け根部の屈曲の二つのヒンジの屈曲運動と考えた方が理解しやすい．さらに興味深いのは，このような2点ヒンジの運動でも，胴体部は流体力や尾びれからの反力を受け，「結果的に」進行波状の運動になるのである．これは1.4節で明らかにされる．

いずれにしろ，マグロ・イルカ形推進では，推力は尾びれにおいて生成され，胴体部はむしろその推力発生を妨げないようにしていると考えて良いだろう．胴体部でも推力を発生すれば，より良いではないかと考えるかもしれないが，次節以降でも述べるように胴体部における推力発生は流体力学的効率が必ずしも良くない．それよりは，尾びれにすべて任せてしまった方が良いとマグロやイルカが考えたかどうかわからないが，この考え方を裏付けるようにマグロの尾びれの付け根部は非常に細くなっているし，シュライパーも指摘しているようにイルカの付け根部はナイフのように扁平になっていてなるべく流れに影響を与えないようになっているのである．

一方，推力発生源である尾びれは，胴体部の2点ヒンジ的な運動によって2自由度的な運動をする．どのような運動が効率的な運動かは1.3.4節で詳しく述べるが，尾びれを推力源にすることのメリットは，流体力学的に効率の良い揚力を利用できることである．よって揚力をより効率的に発生させるため，高いアスペクト比になっていると考えられる．

(4) その他

上記の遊泳方式以外にも，ハコフグなどに見られるような，体を使わずに

尾びれだけをバタつかせるような方式や，イカ，タコ，ホタテガイ，クラゲなどに見られるような，水流を吹き出す「ジェット推進」[22]や，アオウミガメ等に見られるような水中での羽ばたき推進なども挙げられる．また，加藤ら[23]がロボットで実現している，ブラックバスなどのような魚における胸鰭による遊泳方式もあるが，この方式は，定常推進よりはむしろ微細な位置・姿勢制御に効果的であると考えられる．

1.3.2 精子・ヘビ形推進の理論（抵抗力理論）

高速遊泳動物ではないが，精子などの鞭毛を持つ生物は，鞭毛を進行波状に変形させて推進する．このようにスケールが小さい場合，流体は粘性の効果が支配的である．そこで簡便に流体力を計算する方法としては，鞭毛の各部を円柱とみなし，円柱軸に平行な運動速度成分および垂直な運動速度成分それぞれに，円柱の軸に平行・垂直な方向の抵抗係数を掛けて各部に働く抵抗力を求める方法が有効である．この方法では，各部の抵抗係数は一定でまわりの流れの影響は受けないとしている点で大幅な近似が導入されている．すなわち流体力は胴体各部の速度にのみ依存すると考えているわけである．この解析法は抵抗力理論と呼ばれ，もともとはグレイ[3]によって始められたが，ライトヒル[20]によって高レイノルズ数の場合における推進効率の議論まで発展した．流体力が速度のみに依存するというこの理論が高レイノルズ数の場合においても有効なのは，流体力のうち付加質量による慣性力よりも定常流速に対する抵抗（この場合は粘性による摩擦抵抗ではなく，圧力差による圧力抵抗である）が支配的である場合に限られる．

図1.4に示すように，流体中で振動する円柱状の物体を考える．精子やウミヘビの体の断面と考えても良い．まず図1.4(a)に示すように，体（円柱）直径に比べて横方向振幅の大きさが小さい場合，流れは大きな剝離を起こさないので剝離による圧力抵抗は発生せず，流体に加わる力は付加質量としての慣性力が支配的となる．しかし図1.4(b)のように円柱直径に比べて横方向振幅の大きさが大きい場合，流れは大きく剝離し，結果生じる圧力抵抗が支配的となる．よって非常に細長い体形状の推進では，レイノルズ数の大きい場合でも，横方向振幅は自身の胴体直径よりもはるかに大きいので，このような圧力抵抗を粘性による抵抗と同様に胴体各部の速度にのみ依存すると

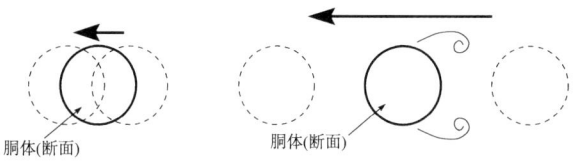

(a) 発生しない場合 　　　(b) 発生する場合

図 1.4 定常流速による抵抗力の発生

みなすことができるのである．

　ではライトヒルに従って，この抵抗力により発生する推力を計算してみよう．ここでいう「抵抗力」は流体力学的に胴体に垂直に発生する流体力のことであり，動物の推進方向に反対な向きを表すものではない．またここでの「推力」は，全体としての推進方向の力，推進のための力を意味している．レイノルズ数が大きい場合の圧力抵抗は，一般に速度の2乗に比例するが，ライトヒルの理論では単純化のため1乗に比例するとして考察されている．精子の鞭毛運動において図1.5に示すように，胴体(もしくは鞭毛，以下でも同様)の推進速度を U (ただし座標系 o-xz は x 方向には胴体に固定してとることにするので，o-xz に対して流体が流速 U で右方に流れていくと考える)，胴体が形作る進行波の伝搬速度(ただし胴体固定座標系 o-xz との相対速度)を V とする．いま図1.6に示すように胴体のある一部に着目し，その部分の z 方向の胴体固定座標系に対する絶対的な運動速度を W としたとき，近辺の流体に対する相対的な z 方向運動速度 w を考えよう．図1.6では現在の胴体の一部を太い実線で示し，微小時間(ここでは単純化のため単位時間とする)だけ前の胴体を太い破線で示している．現在P点にきている流体粒子は微小時間前には U だけ前側のQ点にあったから，この流体粒子

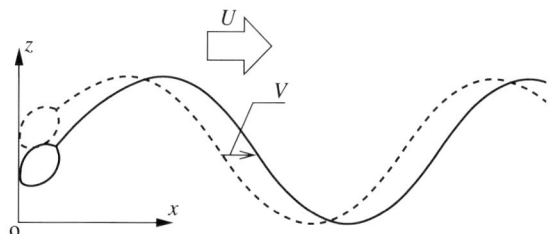

図 1.5 抵抗力理論の座標系

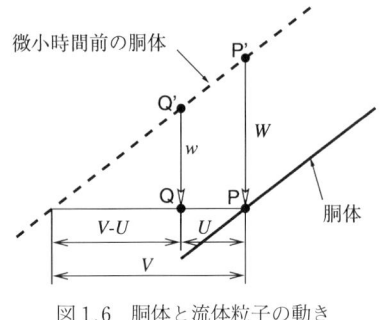

図1.6 胴体と流体粒子の動き

と x 座標が等しい流体粒子群から見れば，胴体が z 方向に運動した距離は $W(\mathrm{P'} \to \mathrm{P})$ ではなく，

$$w = \frac{W(V-U)}{V} < W \tag{1.6}$$

で与えられる $w(\mathrm{Q'} \to \mathrm{P})$ となる．すなわち流体に対する z 方向相対速度 w は，推進速度 U が 0 ならば進行波による運動速度 W に一致し，進行波の速度と推進速度が一致する場合には 0 になる．

次に，運動により発生する，胴体に作用する流体力を考えよう．単位長さあたりの胴体の体軸に垂直・平行方向の抵抗係数を K_N，K_T とし，微小変位を仮定する．体軸に垂直な流体との相対速度は w とみなせるから，体軸に垂直な流体力は図1.7に示すように $K_N w$ となる．また，体軸に平行な流体力に関しては，胴体の傾き角を α とすると，まず z 方向運動速度 W の体軸に平行な成分が $W\alpha$ となり，$\alpha = W/V$ であることから，運動により発生する体軸に平行な方向の流体力は $K_T(W^2/V)$ となる．

よって運動により発生する推力 P は，体軸に垂直な方向の成分の sin 成分と，体軸に平行な方向の成分の cos 成分とを足し合わせれば良いので，微小変位の仮定から，

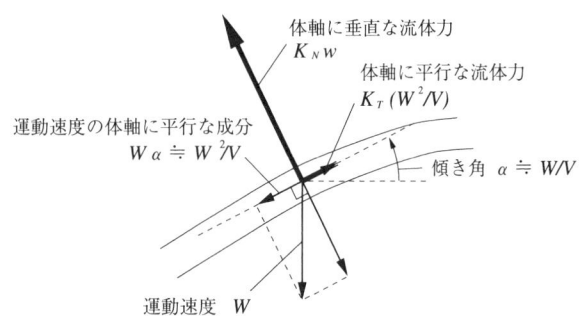

図1.7 胴体に作用する抵抗力

$$P = (K_N w)(W/V) - K_T(W^2/V) \tag{1.7}$$

と求まる．一定の推進速度 U の条件下では，この推力が運動によらず発生する体軸に平行な方向に作用する抵抗力 ($K_T U$) および頭部などで発生する抵抗力のもともとの抵抗力にバランスしているのである．

一方このときのパワー消費 E は

$$E = (K_N w)W \tag{1.8}$$

であるから，推進効率 η は，

$$\begin{aligned}\eta = UP/E &= (U/V)[1-(K_T/K_N)(W/w)] \\ &= [1-(w/W)][1-(K_T/K_N)(W/w)]\end{aligned} \tag{1.9}$$

となる．式(1.7)から，w/W が $K_T/K_N < w/W < 1$ を満たす場合に正の推力が得られることがわかる．さらに推進効率 η が最大になるのは，$\gamma = K_T/K_N$ とおくと，式(1.9)において w/W を変数として η の極大値条件を考えればわかるように

$$w/W = \gamma^{1/2} \tag{1.10}$$

のときである．このとき

$$U/V = 1 - \gamma^{1/2} \tag{1.11}$$

となり，推進効率 η は

$$\eta = (1-\gamma^{1/2})^2 \tag{1.12}$$

となる．すなわちこの遊泳形態においては，体の接線方向と法線方向の抵抗係数の差が推進効率の決め手となる．しかし，例えば比較的大きいレイノルズ数の場合に対応する値として $\gamma=0.1$ としてみても，式(1.11), (1.12)より $U/V = 0.68$, $\eta = 0.47$ 程度にしかならない．さらにレイノルズ数が低い場合として $\gamma=0.5$ とすると，$U/V = 0.29$, $\eta = 0.086$ と非常に推進効率は低下し，推進効率の面からは，抵抗力を利用した精子・ヘビ形推進は必ずし

も好ましくないことがわかる．しかしもちろん，精子のようなほとんど粘性抵抗しか働かないスケールにおいては，後に述べる慣性力や揚力を利用できないので，このような推進形態を選ばざるを得ないのであろう．

1.3.3 コイ・フナ形推進の理論（細長物体の理論）

次に，最も一般的に見られる魚類の遊泳形態としてのコイ・フナ形推進のダイナミックスを考えよう[24]．この遊泳形態の場合，前節の精子・ヘビ形推進とは体形状が異なり，図1.2に示したように横方向振幅は楕円形の体直径に比べてあまり大きくはないので，理想流体としての付加質量力（胴体が流体に与える加速度により胴体が受ける流体の慣性力のこと）が支配的であると考えることができる．このような付加質量力を計算するには，飛行船などに働く流体力を簡便に求める理論である，細長物体の理論を用いるのが有効である．ここでは簡略化のため尾びれ以外のひれなどの部分の効果は無視し，抵抗力理論の場合と同じように魚の体を基準に座標系を図1.8のように定め，一様流速 U 中で魚が z 方向に変位 $h(x,t)$ で振動的に運動しているとする．抵抗力理論と同様に，まず胴体のごく近辺の流体と胴体の相対速度 w を式で表すと，

$$w(x,t) = \frac{\partial h}{\partial t} + U\frac{\partial h}{\partial x} \tag{1.13}$$

のようになる．すなわち w の速度で流体は z 方向に押されることになる．このとき x 方向の微小な幅の中の流体粒子が受ける z 方向の単位長さあた

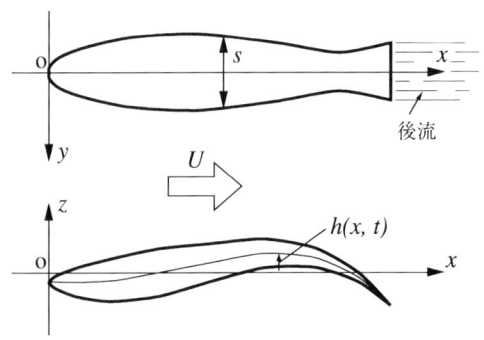

図1.8　細長物体の理論の解析モデル

りの流体力 Z は以下のように運動量の増加分として求められる．

$$Z(x,t)=\left(\frac{\partial}{\partial t}+U\frac{\partial}{\partial x}\right)[m(x)\,w(x,t)] \tag{1.14}$$

ここで，$m(x)$ はこの x の断面における付加質量である．式(1.13)および(1.14)より，魚がする仕事率 E は，

$$\begin{aligned}E&=\int_0^l Z\frac{\partial h}{\partial t}dx\\&=\int_0^l\left(\frac{\partial}{\partial t}+U\frac{\partial}{\partial x}\right)\left(mw\frac{\partial h}{\partial t}\right)dx-\int_0^l mw\frac{\partial w}{\partial t}dx\\&=\frac{\partial}{\partial t}\int_0^l\left(mw\frac{\partial h}{\partial t}-\frac{1}{2}mw^2\right)dx+U\left[mw\frac{\partial h}{\partial s}\right]_{x=l}\end{aligned} \tag{1.15}$$

となる．ここで定常推進の状態とし時間平均 $\overline{E}$ をとると，式(1.15)の第1項目の積分は0となり，第2項目のみが残り以下のようになる．さらにこの魚のパワー $\overline{E}$ は，魚が自身の抵抗に打ち勝つための推力(T とする)の時間平均 $\overline{T}$ に U をかけた成分と，後流中に渦として残す成分(E_w とする)となる．すなわち，

$$\overline{E}=U\overline{T}+E_w \tag{1.16}$$

と書ける．E_w は後流が単位時間に渦として得るエネルギーであり，運動量理論から

$$E_w=U\left[\frac{1}{2}mw^2\right]_{x=l} \tag{1.17}$$

である．以上の式を用いると，推進効率 η は，

$$\begin{aligned}\eta&=\frac{U\overline{T}}{\overline{E}}\\&=\frac{\overline{E}-\overline{E}_w}{\overline{E}}\\&=1-\frac{1}{2}\left[\frac{\overline{w^2}}{\overline{w\,(\partial h/\partial t)}}\right]_{x=l}\end{aligned} \tag{1.18}$$

となる．ここで注目すべきなのは，式(1.18)よりわかるように，推進効率 η

は後端の形状および運動状態にのみ依存することである．

さらに抵抗力理論と同様に，胴体が後方へ振幅は小さいながらも進行波を送っている状態を考えよう．抵抗力理論での変数の定義に従い，進行波の速度が V でかつ振幅が一定の場合には，$h(x,t)$ は $h(x-Vt)$ と書けるので，

$$w = \frac{\partial h}{\partial t} \frac{V-U}{V} \tag{1.19}$$

となり，式(1.16)および式(1.17)から推力 T を計算すると

$$T = \frac{1}{2}\left(1-\left(\frac{U}{V}\right)^2\right)\left[m\overline{\left(\frac{\partial h}{\partial t}\right)^2}\right]_{x=l} \tag{1.20}$$

となる．また推進効率 η は，

$$\eta = \frac{V+U}{2V} \tag{1.21}$$

となる．式(1.20)および(1.21)より，正の推力を得るためには $V>U$ である必要があるが，η を高めるためには $V \to U$ としなければならず，推力と推進効率は相反する関係にあることがわかる．

よって，推進効率を向上させるには魚自身のもともとの抵抗を減らし，必要な推力が小さくなれば良いことがわかる．ここで精子・ヘビ形推進における体軸の接線方向と法線方向の抵抗がそれぞれ，コイ・フナ形推進における胴体の抵抗と付加質量による慣性力とに対応すると考えれば，推進効率向上のためには自身の抵抗を減らすべきという結論は，どちらの場合にも共通であることがわかる．

ちなみに精子・ヘビ形推進と同様の $U/V=0.68$ の場合を考えてみると，$\eta=0.84$ となり，抵抗力よりも慣性力を利用した推進の方が高い推進効率を得られやすいといえる．ただしコイ・フナ形推進でも，実際にはいくぶん抵抗力の寄与があると考えられ，これが推進効率を低下させているであろう．

1.3.4 マグロ・イルカ形推進の理論（尾びれに対する2次元振動翼理論）

高速遊泳のマグロ・イルカ形推進では，高アスペクト比の尾びれが推力を生み出しているが，この尾びれの運動形態は，揚力を効率良く発生する合理的な運動であることがすでに多くの観察実験などにより明らかにされている．そこでまずこの尾びれの運動をモデル化し，運動を定量的に表す諸パラ

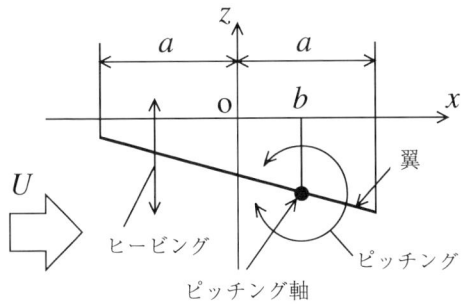

図1.9 尾びれのモデル

メータを定義しよう．図1.9に尾びれのモデルを示す．マグロなどの魚類であれば上下方向から，イルカなどの海棲哺乳類であれば水平方向から尾びれを眺めたところと考えてほしい．推進速度をU，尾びれの翼弦長を$c = 2a$とし，抵抗力理論や細長物体の理論と同様に水平方向(x方向)に関して尾びれに固定した座標系o-xzをとる．このとき尾びれはz方向に以下のように定義される正弦波運動をしているとする．

$$z = h\cos\omega t + \alpha(x-b)\sin\omega t \tag{1.22}$$

ここでhはz方向の直線運動(ヒービング heaving)の振幅，αはピッチング軸($x=b$)まわりの回転運動(ピッチング pitching)の振幅を表す．ωは角振動数である．ピッチングはヒービングに対して90°位相が遅れている．さらに，ヒービングとピッチングの振幅の比を，以下のように定義されるフェザリングパラメータθを用いて表すことにする．

$$\theta = \frac{U\alpha}{\omega h} \tag{1.23}$$

なぜわざわざθを用いるのかについて若干説明を加えよう．図1.10にθの定義の図解を示す．この図では図1.9とは異なり，流体は固定しており，翼が左方に進んでいると考えている．$\theta=0$の場合は，図1.10(a)に示すようにヒービング運動のみとなる．一方$\theta=1$の場合は，図1.10(c)に示すように，θの定義式中に入っているU，α，ω，hのそれぞれの値にはよらず，ピッチング軸が流体中に残す軌跡の接線の角度と翼のピッチングの角度とが常に等しくなる関係になる．すなわち翼の相対的な流れに対する迎角が0の

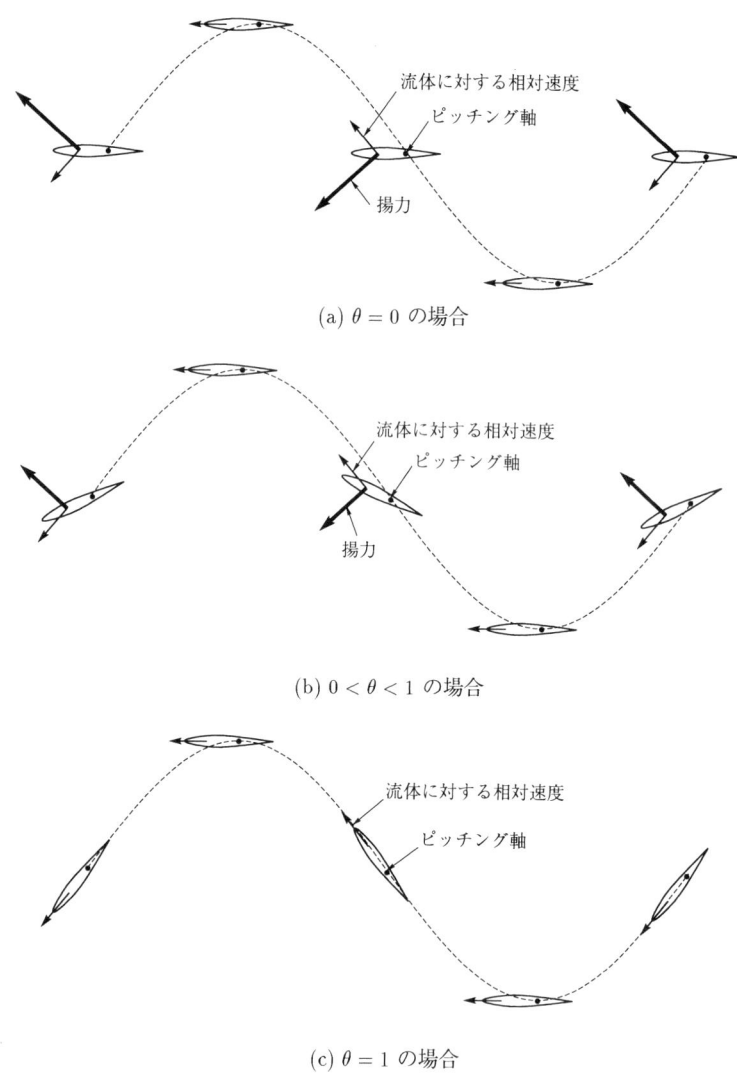

(a) $\theta = 0$ の場合

(b) $0 < \theta < 1$ の場合

(c) $\theta = 1$ の場合

図 1.10　フェザリングパラメータ θ の定義

運動となるのである．図 1.10(a) および (b) には，翼が $0 \leq \theta < 1$ の運動をする時の，相対的な流れに対する揚力により左方の前方方向に推力が発生するメカニズムを示してある．ここで揚力はあくまでも相対的な流れの方向に対して垂直に働くことに注意して欲しい．よって図 1.10(a) のような翼が常に

水平となっている場合でも推力は発生する．後に見るように，振動翼理論によるとむしろこの場合が最も推力が大きい．ただし推進効率は低い．これは別の見方をすると，翼の前縁付近の圧力が低くなり，前方に引っ張る力(前縁吸引力)が生じるためである．

以上のように，尾びれがヒービングとピッチングの2自由度運動を，90°位相がずれて特定の振幅比で行なうと，揚力により $-x$ 方向の推力が発生することがわかる．しかし厳密には非定常運動の場合，このような準定常揚力だけでなく，流体の付加質量効果や翼後縁から放出される渦面の流れへの影響なども考えなければならない．そこでこれらの影響を考慮するため，航空機のフラッタの解析などに広く用いられている線形化手法である2次元振動翼理論を用い，推力発生器としての尾びれのみの推力・推進効率特性についてより詳しく調べてみよう．解析手法の詳細は文献[5,25]に譲るが，ここでは変数の定義および推力・推進効率の計算方法について簡単に述べる．

解析モデルは図1.9にすでに示した通りであるが，2次元振動翼理論においては翼の z 方向変位を微小とし，翼も薄翼とみなす．また流体の密度を ρ とする．式(1.22)を複素表示すると

$$z = \Re[\{h - i\alpha(x-b)\}e^{i\omega t}] \tag{1.24}$$

となる．ただし i は虚数単位，$\Re[\ ]$ は実部を表す．

翼がこのような非定常運動をするとき，翼まわりの循環 Γ に時間的変化が起こるので，ヘルムホルツの渦定理から，後流面に強さ $-d\Gamma/dt$ の吐出渦が残される．後流面は $z=0$ の面内に変形せず残るとすれば，この翼まわりの流れは解析的に解くことができる．この翼が発生する $-x$ 方向の力すなわち推力の時間平均 $\bar{P}_t$ は次式で与えられる．

$$\bar{P}_t = \pi a U^{-2}|A_w|^2 + (\pi a \alpha \Im[A_\omega] - \frac{1}{2}\pi a^2 \omega^2 \alpha^2 b) \tag{1.25}$$

ここで

$$A_w = -U\{[\omega\alpha(b - \frac{1}{2}a) + i(U\alpha - \omega h)](F + iG) + \frac{1}{2}\omega\alpha a\} \tag{1.26}$$

である．ここで $\Im[\ ]$ は虚部を表す．さらに式(1.26)において，F および G

は，$\nu = \omega a/U$ を用いて，次式により与えられる．

$$F(\nu) + iG(\nu) = \frac{H_1^{(2)}(\nu)}{H_1^{(2)}(\nu) + iH_0^{(2)}(\nu)} \tag{1.27}$$

ここで $H_0^{(2)}$ および $H_1^{(2)}$ は，第1種と第2種のベッセル関数の組み合わせから以下のように与えられる．

$$H_n^{(2)} = J_n - iY_n \tag{1.28}$$

さらに翼の推進効率 η_w は，翼が推進機構としてなす仕事率の時間平均 $U\overline{P_t}$ を，翼がした全仕事率 $\overline{E}$ で割ったものと定義され，次式によって与えられる．

$$\eta_w = 1 - \left[\{\omega^2 a^2(b-\tfrac{1}{2}a)^2 + (\omega h - Ua)^2\}(F - F^2 - G^2)\right]$$
$$/\left[\{\omega a(b-\tfrac{1}{2}a)[\alpha(b+\tfrac{1}{2}a)F - hG - \tfrac{1}{2}a a]\right.$$
$$\left. + (\omega h - Ua)[hF + \alpha(b+\tfrac{1}{2}a)G]\}\omega\right] \tag{1.29}$$

また翼の受ける z 方向横力 $\Re[F]$ および翼中心まわりのモーメント（左まわりを正とする）$\Re[M_0]$ は，次式で与えられる．

$$F = -\rho F_c e^{i\omega t} \tag{1.30}$$

$$M_0 = \rho M_c e^{i\omega t} \tag{1.31}$$

ここで

$$F_c = 2\pi a A_w + \pi a^2 B_w \tag{1.32}$$

$$M_c = \pi a^2 A_w - \frac{1}{8}\pi a^4 C_w \tag{1.33}$$

である．ただし

$$B_w = 2U\omega\alpha - \omega^2(h + ia b) \tag{1.34}$$

$$C_w = i\omega^2 a \tag{1.35}$$

である．

以上の計算方法に基づき，尾びれ単体についての推力・推進効率特性を調べてみよう．$b=\frac{1}{2}a$ のときの，無次元化した推力である推力係数 C_T および推進効率 η_w と，推進速度 U と翼弦長 c で無次元化した無次元振動数 $\sigma = 2\nu = \omega c/U$ との関係の解析結果を図 1.11 および図 1.12 に示す．ただし推力係数 C_T は以下のように定義される．

$$C_T = \frac{\bar{P}_t}{(h\omega)^2 a} = \frac{\bar{P}_t}{(h\omega)^2 \frac{1}{2}c} \tag{1.36}$$

まず C_T に関して見ると，θ が大きいほど推力が減少することがわかる．これは θ が 1 に近付くと相対的な流れに対する迎角が小さくなるためである．また θ が一定でも，σ が低くなると C_T はやや大きくなる．これは少しわかりづらいが，式 (1.36) に示されるように C_T は $(h\omega)$ で無次元化されているので，図 1.11 において σ が低くなることは ωc が一定で U が増加することに相当している．ここでは遊泳動物の尾びれだけに注目しており尾び

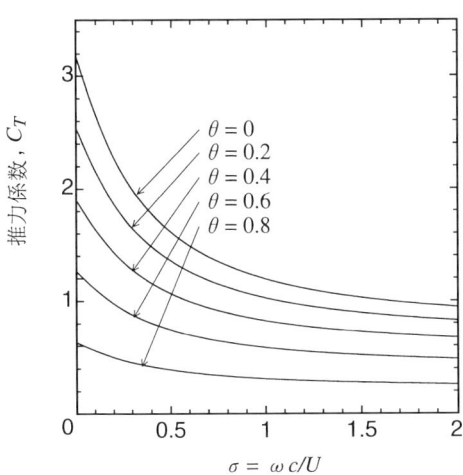

図 1.11 無次元振動数 σ に対する推力係数 C_T ($b=\frac{1}{2}a$)

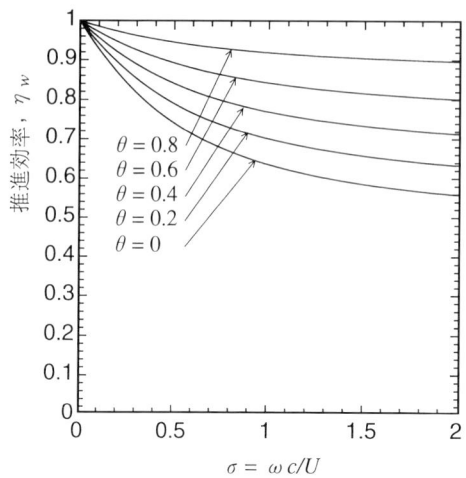

図 1.12 無次元振動数 σ に対する推進効率 η_w ($b=\frac{1}{2}a$)

れの粘性流体中で発生するような抵抗は考えていないので，U が増加しても抵抗となるわけではなく，むしろ揚力が大きくなり推力は増加するのである．むろん，推力がでるようなフェザリングパラメータ($0<\theta<1$)になるように翼を運動させたときの話であるが．

次に η_w に関しては，$\sigma=1$ 程度のとき，最悪でも 60% 以上であり，最高の場合は 90% を超えており，尾びれによる推力発生が非常に効率的でかつロバストなシステムであることが確認できる．θ が一定のとき，σ が 0 に近づくにつれ η_w は 1 に近くなるが，これは無次元振動数 σ が低下すると，非定常効果が小さくなり，後流に渦として放出されるエネルギーの割合が少なくなるためである．また σ の低い領域では，θ が 1 に近いほど η_w が高い．これは流れに対する迎角が小さくなるため，流れをかき乱さなくなり，後方への渦放出が減少するためである．

上記の解析では重要なパラメータであるヒービングとピッチングの位相差が 90° のみに固定されてしまっているが，ライトヒルはピッチング軸の位置を変えることにより間接的に位相差をふった解析も行なっており，実は最も推進効率が高くなるのが図 1.11 および図 1.12 で示したピッチング軸が 3/4 翼弦長近辺のときなのである．この理由についての詳細は割愛するが，ここ

ではピッチング軸の位置 b をパラメータとしてふることがピッチング軸の位置を固定してヒービング・ピッチング間の位相を変化させることに相当していることのみを以下に示しておこう．例えばヒービングを ϕ だけ位相をずらせると，

$$z = h\cos(\omega t + \phi) + a(x-b)\sin\omega t$$
$$= h'\cos\omega t + a(x-b')\sin\omega t$$
$$(h' = h\cos\phi,\ b' = b + \frac{h\sin\phi}{a}) \tag{1.37}$$

となり，位相の変化は h と b の変化に置き換えることができる．よって推進効率や推力係数などの h に依存しない量に関しては，ヒービング・ピッチング間の位相をふらずに b をふっても，b をふらずに位相差をふっても，同等なことがわかる．

以上の結果から，2自由度振動をする平板翼は，推力発生機構として非常に優れた性能を持っていることがわかる．また高い推進効率を得るためには，

1. σ を低く，すなわち推進速度に対して低い振動数の運動にする
2. θ を1に近く，すなわち流れに対する迎角の小さい運動にする

ことが必要であることもわかる．ただし，項目1を追求しようと運動の振動数を下げると，推力は小さくなってしまう．よって尾びれが，決められた推進速度で推進する胴体部で発生する抵抗に打ち勝つだけの推力を発生しなければならないノルマが課せられている場合を考えると，このノルマを達成しながら推進効率を高めるには，振動数を低くし，かつ推力を得るため運動の振幅を大きくしなければならない．また項目2についても，θ が1に近づくと推力が減少するため，ノルマの推力を出すには運動の振幅を増やさねばならない．この事実は1.4節でもポイントとなるので覚えておいてほしい．

さてライトヒル[5]が以上の2次元振動翼理論を発表して以来，この理論を拡張する多くの研究がなされている．チョプラ[26,27]，チョプラと神部[28]などの論文においては，高速魚に見られる月形ひれ Lunate-Tail の3次元解析や大振幅への拡張などが行われた．カーポツィアン，スペディング，チェン[29]も3次元翼の近似解法により，3次元翼の解析を行なっている．また

Liu & Bose[30] も,実測に基づく3種類の鯨類の尾びれ形状に対して,準渦格子法を用いて推力・推進効率特性などを解析している.工藤・久保田・加藤・山口[31,32] は,弾性部を有する2次元翼の特性を解析している.これら3次元性,非線形性,翼の弾性などの効果は,あくまで上で述べた2次元線形剛体翼の基本原理に対して2次的な効果をより厳密に計算しようとしたものであるといって良いだろう.

1.3.5 分類の連続性と分化の理由に関して

本1.3節では,自然界の遊泳動物の推進形態を流体力学の観点から分類し,それぞれの推進形態に適した近似を施した流体力学の基礎理論を紹介してきた.しかし実際の多くの水中の遊泳動物をこのように明確に分離することは難しい.それぞれの中間あたりのものもいるであろう.また,それぞれの推進形態においても,他のタイプで考慮した流体の効果が多かれ少なかれ入っていることにも注意する必要がある.例えば,コイ・フナ形推進でも精子・ヘビ形推進で推力の元となる剥離による圧力抵抗などの影響もあると考えられるし,尾びれによる揚力の発生もいくらかはあるだろう.また尾びれ以外のひれの影響も少なからずあると考えられる.本節で述べた推進形態の分類は,あくまで流体力学的観点からの基本モデルの違いであることをことわっておく.

またより根本的な問題として,何故このように様々な体の形態が存在し,それぞれの体形態について対応する運動形態があるのか,との疑問が挙げられる.この疑問に完全に答えるには,もはや流体力学的,工学的な観点からの説明だけでは不十分であろう.それぞれの生物について,進化論的考察,体骨格形状などの形態についての考察,そして生活様式などの行動についての考察などもすべて考慮に入れる必要があるだろう.

しかし,ひとたび体形状が与えられれば,その体がある目的を達成するために最も効率的な運動を明らかにするには,工学的アプローチがある程度有効であろう.ヘビが何故細長いかを工学的に説明することは難しいが,ヘビの運動形態は「細長い体で効率良く進む」という一般的な問題を解くことによってある程度説明できるはず,ということである.例えば水中において,ヘビがマグロ・イルカ形推進のように胴体部について単純な屈曲運動をして

も効率良く推力は発生しない．彼らには高アスペクト比の尾びれが無いからである．そのため体で進行波を作って流体を後方に押し出すほかないわけである．

なお1.4.3節では，このような何種類もの流体力が絡み合う複雑な現象をさらに現実に沿ってモデル化して高速遊泳におけるダイナミックスを取り扱う．

1.4 高速遊泳におけるダイナミックスに関する著者らの研究

1.4.1 高速遊泳における体・流体の連成の影響

1.3.4節では，最も高速・高効率な推進形態と考えられるマグロ・イルカ形推進に対して，推力発生源である尾びれに注目し尾びれのみの推力・推進効率の特性を述べた．その結果，高い推進効率を得るためには，推進速度に対して振動数が低く，相対的な流れに対する迎角が小さく，(かつ一定の推力を生み出すためには)振幅が大きい運動にすれば良いことがわかった．しかし実際にはなんらかの制限により，どこまでも遅く，迎角が小さく，振幅が大きい運動にすることはできない．この制限となっているのは何であろうか．答えとして考えられるものを列挙してみる．

1. 大振幅による非線形性による，尾びれの推進効率の低下
2. 体構造の限界
3. 胴体側の運動の推進への悪影響

1については，意外にこの効果は小さいのではないかと考えられる．エネルギーロスは翼の後方に残される渦面のエネルギーにのみ依存するので，大振幅でもそれが直接エネルギーロスの原因にはならないからである．2は，例えば体の全長に等しい尾びれ振幅を発生させることは原理的に不可能であるということであり，これは一因であるだろう．次に3についてであるが，いま推進速度に対して胴体の周期運動が非常に遅い場合を考えよう．このときには，すでに述べたように推力を得るために尾びれの振幅を大きくしなければならない．ここで実際の遊泳動物では，有限の質量の胴体が尾びれを駆動しているので，尾びれに働く流体力の反動により胴体が横揺れしてしまう．よって尾びれの振幅が大きくなれば，それに比例して胴体の横揺れ振幅も大

きくなる．しかし胴体の運動速度自体は遅いので，このときの胴体各部は定常流れ中に傾いて置かれた円柱として捉えられると考えられる．さらにヘビなどのようなはっきりとした進行波を作る運動ではないので，結局胴体には 1.3.2 節で述べた抵抗力理論と同様の円柱としての剝離による圧力抵抗が，図 1.13 に示すように，推進を妨げるように働くと考えられる．このような胴体部の影響を考えるためには，胴体の運動が分からなくてはならないが，マグロ・イルカ形推進の場合，これを知るには胴体部について，尾びれから受ける反作用力と，胴体自身に働く流体力および自身の慣性力とのすべての力が連成した系を解く必要がある．ヘビ形推進のように，体の全長中に 1 波長以上の波を含んでいるような場合には，自身の慣性力は横方向（推進方向に垂直な方向）に関しては打ち消し合ってしまうので，このような連成を考慮する必要はあまり無いが，マグロ・イルカ形推進のように 2 点ヒンジ（そのうち 1 点は尾びれと胴体のつなぎ目であるから胴体中では 1 点）的な運動体の場合には，胴体の運動を知るためには上記のような連成系としての考慮が不可欠となる．このような観点から，筆者らは運動体・流体の連成の影響を考慮した解析を行なってきた．そこで次節以降にその 2 種類の解析モデルについての研究成果を紹介する．なお解析方法などの詳細は文献を参照してほしい．

1.4.2　3 関節平板形モデル

まず筆者らは，マグロ・イルカ形推進に直接対応はしていないが解析のしやすさ等から，図 1.14 に示すような 4 枚の平板が 3 個の関節によって駆動されるような 2 次元モデルの推進機構を研究した．ここで，推進機構に関節の揺動運動のみを与え，機構全体がどのように推進するのかを機構慣性力と

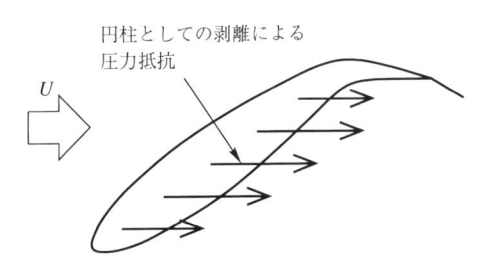

図 1.13　運動が遅いときの圧力抵抗の発生

外部流体力との連成系を解いて求めようとするのが問題である．流体は理想流体とみなし，機構の厚さも薄いとして上下の速度差および機構後縁からの剥離せん断層をそれぞれ図 1.14(b) のように離散化された渦点 Γ_{bv}, Γ_{sv} で近似的に表した．また機構質量も同様に離散化された質点 m で表し，このようなモデルに対し推進速度および推進効率などの特性の解析を行った[33,34,35]．

次に理論解析法の妥当性を検証するため製作した実験装置を図 1.15 および図 1.16 に示す．推進機構の水中部は 4 枚のリンクからなり全体が流線形の翼形となっている．これらのリンクは水上の 3 個のステッピングモータで駆動される．また機構の全体は機構先端部においてボールベアリングを介したシャフトによって支持され，シャフトはエアスライダに取り付けられている．よって機構の先端部分の，推進方向に垂直な方向のみが拘束され，推進方向および回転方向は自由となっている．この推進機構を回流形水槽に設置し，関節に運動を与えて機構を推進させ推進速度を測定する．

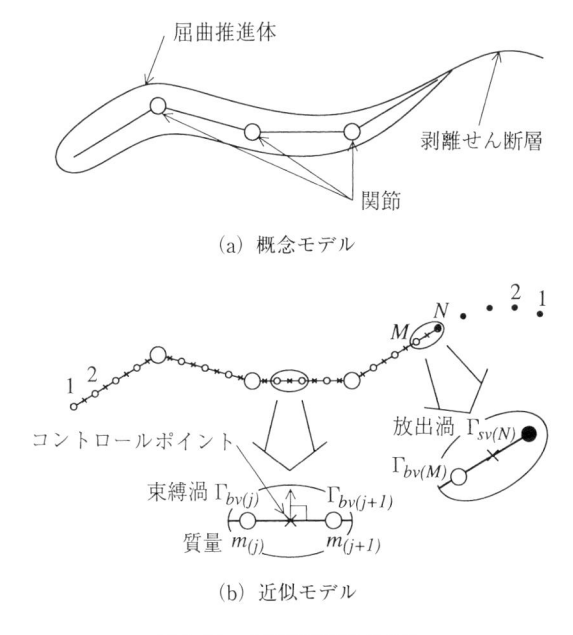

(a) 概念モデル

(b) 近似モデル

図 1.14　3 関節平板形モデル

図1.15 3関節平板形機構写真

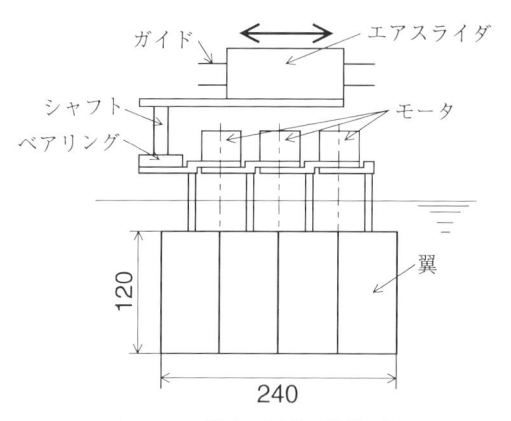

図1.16 3関節平板形機構説明図

図1.17に,推進速度特性の解析結果および実験結果の一例を示す.この結果は3個の関節全てを振幅5.2°の正弦波で駆動した場合で,横軸のϕ_0は各関節間の位相差を表すパラメータである.例えば$\phi_0=30°$の場合,前方の第1関節に対して第2関節が30°,さらに第3関節も第2関節に対して30°位相が遅れる関係とする.黒丸の2次元解析および実験いずれにおいても,$\phi_0=0°$近傍で推進速度は最大となり,2次元解析でも定性的傾向を捉えられることがわかる.さらに白丸は,上記の理論解析法を3次元に拡張した場合[36]の結果で,実験値とより良く一致することがわかる.この解析および実験では,各関節の振幅を一定にして位相差を横軸としてふっている.よって位相差が0の場合には各関節の変位が合わさり最も大きく弓なり状に屈曲

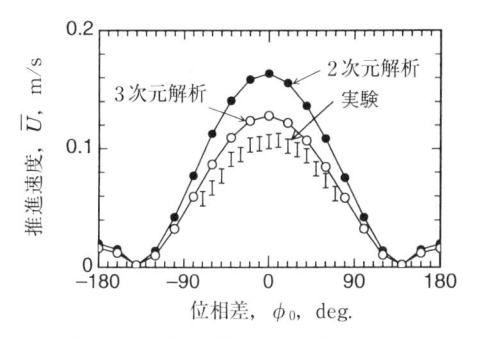

図1.17 推進速度 $\overline{U}$ の ϕ_0 に対する特性

するため，このときに推進速度は最大となるのである．位相差が0とは前後で対称な運動であるが，前後で対称であるにも関わらず推力が発生するのは，一つにはこの推進機構では機構の先端部が支持されており横振動が抑えられていることと，1.3.4 節でも述べた翼を前方に引っ張る前縁吸引力が働くためと考えられる．しかし実際の高速遊泳動物では胴体は翼状ではないので，このような力は胴体には働かないであろう．前縁吸引力を利用しているのはむしろ高アスペクト比の尾びれである．

1.4.3 2関節イルカ形モデル

(1) マグロ・イルカ形推進のモデル化

上記の平板形モデルでは，基本的に，胴体全体を変形する翼と考えているため，体・流体の連成の効果を確認することはできるが，流線形の胴体を持つマグロ・イルカ形推進のモデルとしてはやや無理がある．そこで1.4.1節での考察に基づき，著者らは，流線形の胴体と高アスペクト比の尾びれを持つマグロ・イルカ形の推進を図1.18に示すような2関節イルカ形モデルによってモデル化し解析を行なった．このモデルは以下の特徴をもつ．

1. 胴体は流線形で円もしくは楕円の断面を持つ．
2. 胴体中に1個，胴体と尾びれの継目に1個，合計2個の関節を持つ．
3. 推力発生にほとんど貢献していない，尾びれ以外のひれは無いとする．
4. 横振動(z方向振動)にともない，胴体部には，細長物体の理論による流体の慣性力と，z方向の流体との相対速度の2乗に比例する円柱と

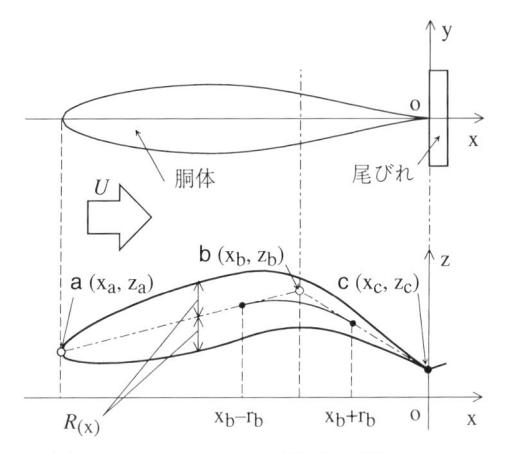

図1.18 マグロ・イルカ形推進の解析モデル

しての圧力抵抗が生じる．
5. 尾びれは剛体とし，尾びれに働く流体力は2次元振動翼理論により求める．
6. 胴体部と尾びれとの連結部は非常に細くなっているため，胴体部と尾びれとの流れの干渉は無視する．

まず1は，実際の高速遊泳動物の体も円もしくは楕円形状であるので妥当であろう．2は，1.3節で述べたように，実際のイルカの観察において実質的に2点ヒンジの運動であることが指摘されていることに基づいている．3は，いたずらに問題を複雑にしないためである．4に関しては，前節までの解析に沿い，付加質量としての慣性力(細長物体の理論)と抵抗力(抵抗力理論)の両方を考慮する．ただしこの抵抗力は，圧力抵抗によるものであるから，1.3.2節での抵抗力理論における速度の1乗に比例するとの仮定よりもより現実に即し，速度の2乗に比例し体軸に垂直な方向にのみ発生すると考える．5に関しては，これまでに尾びれ部のみの解析は数多く行なわれていることから，尾びれの解析にはそれらの翼理論を適用することとする．特にここでは，最も基本的な2次元振動翼理論を用いることにする．さらに6によって解析法の簡略化を図る．

胴体部の運動を解く具体的手順としては，まず尾びれの運動を与え，尾び

れからの横力およびモーメントを求めた後に，その横力およびモーメントに釣り合うような胴体部の運動を求めることにする．ただし尾びれの質量は無視する．胴体部については，図1.18のc点の運動は尾びれの運動を与えた時点で与えられることになるので，a，b点の運動を決定すれば，全体の運動が一意に決定される．よって横力とモーメントの2本の運動方程式を満たすよう，a，b点の運動を決定すればよい．

次に，本モデルの推進効率を見積もる方法を考えよう．まず本モデルでは尾びれにより推力を発生し，その推力が，胴体部が屈曲せず流れに平行に置かれた場合の抵抗と，円柱としての圧力抵抗(非線形流体力)の寄与による抵抗増加分との合計と釣り合うと考える．このとき尾びれ単体の推力と推進効率は翼理論により求めることができる．次に胴体部の，推力および推進効率に対する寄与については，胴体部の尾びれとの接合部における太さが0であるため，細長物体の理論により求まる流体力は推力も発生せずエネルギーも消費しないことになり，尾びれ自身の推進効率に影響を及ぼさないことがわかる．ただし胴体部には理想流体としての流体力だけでなく，円柱としての圧力抵抗が働くと考えるため，この抵抗力の推進方向への寄与と，抵抗力による消費パワーは考慮する必要がある．以上を式で表すと次式のようになる．

$$\eta = \frac{(F_0 - \bar{D}_D)U}{\bar{P} + \bar{P}_D} \tag{1.38}$$

ここで，ηは推進効率，F_0は尾びれが発生する推力，$\bar{D}_D$は円柱としての圧力抵抗により発生する抵抗増加分，$\bar{P}$は尾びれによる消費パワー，$\bar{P}_D$は円柱としての圧力抵抗による消費パワーである．

(2) 解析結果

解析結果の一例を示そう．表1.1に，解析諸元を示す．計算はすべて，長さは胴体全長，時間は運動周期，流体密度で無次元化した系で行なわれている．よって$x_a = -1.0$, $x_b = -0.25$とは，第1関節の位置が胴体部の3/4の位置にあることを示す．ただし表中の抵抗係数C_Dは，マグロやイルカ等の高速遊泳動物に対応するよう，レイノルズ数Reが10^7付近の，細長比$C_S = 1/0.18 = 5.56$の流線型物体における40%層流の場合の値である0.003

とする[28].

図 1.19 に，θ を 0 から 0.9 まで 0.1 刻みに変化させた，無次元振動数 σ に対する推進効率 η の解析結果を示す．また図 1.20 には，$\theta = 0.7$ の場合について，$\sigma = 0.15$, 0.3, 1.0 のときの半周期分の運動の様子を示す．ただし特徴を見やすくするため z 方向の変位は 2 倍してある．

表 1.1　解析諸元

胴体形状	NACA 0018
胴体全体の抗力係数 C_D	0.003
x_a	-1.0
x_b	-0.25
γ_b	0.05
尾びれ翼弦長 c	0.05
尾びれアスペクト比 AR	5
ピッチング軸の位置	3/4 翼弦長

図 1.19 において，いずれの θ についても σ が 0.3 近辺から急激に η は減少している．図中破線は $\theta = 0.7$ の場合の尾びれのみの推進効率 η_w であり，一点鎖線は式 (1.38) において分母の P_D を除いて計算した結果（すなわち円柱としての圧力抵抗の推進方向の抵抗への寄与分 D_D のみを計算に入れた結果）であるので，この急激な推進効率低下は，1.4.1 節での考察で予想したように，大きく遅い運動の時に働く円柱としての圧力抵抗によって，胴体が推進方向に抵抗を受けてしまっているためであることがわかる．この推進効率低下の原因を以下にもう少し厳密に述べよう．

1. 図 1.20 (a) と (b) との比較によりわかるように，運動の振幅が胴体および尾びれともに全体的に増加しているため．

2. σ が低下すると，細長物体の理論による流体力のうち，U を含まない付加質量および胴体自身の質量による慣性力に比べ，U を含む項

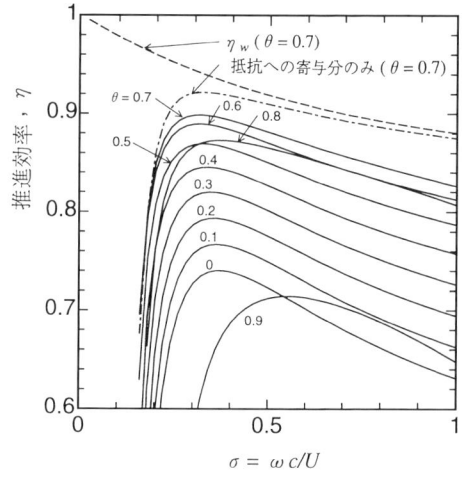

図 1.19　無次元振動数 σ に対する推進効率 η

(a) $\sigma = 0.15$

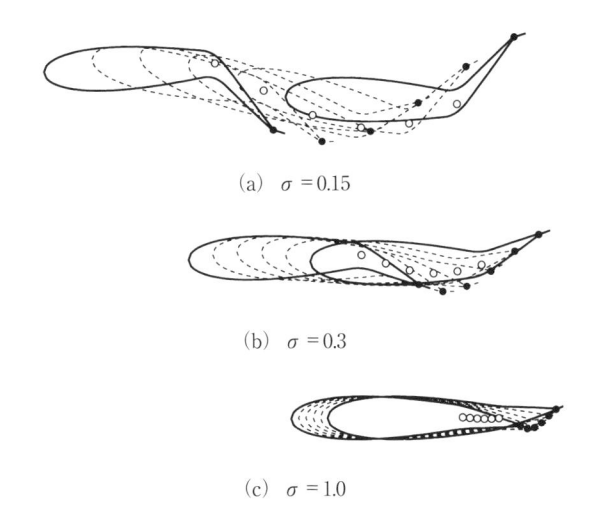

(b) $\sigma = 0.3$

(c) $\sigma = 1.0$

図 1.20　半周期分の運動の様子

の影響が大きくなるため．

1 は 1.4.1 節で述べた，尾びれによる推力発生の基本原理に基づくものである．すなわち，図 1.19 の横軸 σ は ω を U と c で無次元化したものであり，c の翼弦長は一定であるから，このグラフは「一定の推進速度 U で胴体が推進することが条件として与えられている．このとき尾びれはこのノルマを達成する推力を発生しなければならない」という条件下で ω をふったときの結果と考えれば良い．よって，ω が小さい場合には，それを補ってノルマを達成するために尾びれの振幅 h を大きくとらねばならず，尾びれの振幅を大きくすると胴体の振幅も大きくなるため円柱としての圧力抵抗を大きく受けるようになり推進効率 η が低下するのである．

また，2 は副次的な効果である．細長物体の理論において横力を表す式 (1.14) を式 (1.13) を用いてさらに展開すると，

$$Z(x,t) = m\dot{v} + 2mU\frac{\partial v}{\partial x} + U\frac{\partial m}{\partial x}v + U^2\frac{\partial m}{\partial x}\frac{\partial z}{\partial x} + U^2 m\frac{\partial^2 z}{\partial x^2} \quad (1.39)$$

となる．ただし $v = \partial z/\partial t$ である．よって ω が小さくなると，流体力のうち ω に関して高次の成分（z の時間微分が高次の項，第 1 項）が小さくなり，

その代わり ω に関しては低次で U を含む項(第 2,第 3 項)や U^2 を含む項(第 4,第 5 項)の割合が大きくなる．ここで第 4 項に注目してほしい．円柱断面の胴体が一定角度で傾いているとき，$\partial m/\partial x$ はだんだん太くなっていく(流体の付加質量 m が増加していく)胴体の前部で正，だんだん細くなっていく後部で負となるから，流体力は図 1.21 に示すように，流線形物体をさらに傾けようと働くことがわかる．おおざっぱにいえば，強風時に傘をしている時に，風によって傘がめくられそうになるのをイメージしてもらえれば良い．流れ U によって胴体がめくり上げられるのである．その結果として胴体部がさらに大きく傾き，円柱としての圧力抵抗が輪をかけて増加して推進効率 η が低下するのである．

一方 θ が 0.7 までは θ の増加に伴い η は増加しているが，0.7 を超えると η は減少する．これは θ は 1 に近いほど尾びれ自体の効率は高くなるが推力は減少するため尾びれの振幅を増やさねばならず，胴体の振幅も増大し，やはり円柱としての圧力抵抗が増加するためである．

η は結局，$\theta=0.7$，$\sigma=0.3$ 近辺で 90% 程度にまで達しており，このときの胴体部による η 低下分は 4% 程度に過ぎないことがわかる．ただしこの値は前述の 1 から 6 までの仮定が成り立つとしたときの結果なので，やや楽観的すぎるであろう．円柱としての圧力抵抗の影響はもっと大きいことが予想されるし，尾びれの 3 次元性や尾びれ自身の摩擦抵抗によるロス等により現実の η はもっと低くなると考えられる．

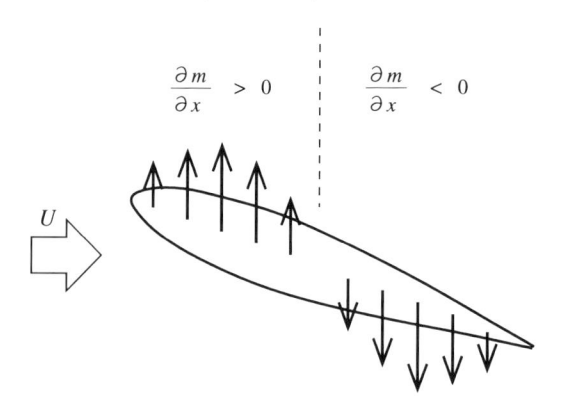

図 1.21 U を含む項による胴体を"めくり上げる"効果

(3) 実際のイルカとの比較

以上見てきた解析結果と，実際のイルカの観察結果との簡単な比較を試みよう．チョプラと神部[28]によれば，カマイルカ(Pacific white-sided dolphin, 学名 *Lagenorhynchus obliquidens*)の観察結果では，アスペクト比5.4の尾びれの最大翼弦長 c_0 に基づき $\sigma_0 = 0.71$ である．また胴体部の濡れ面面積に対する尾びれの翼面積の比は，0.03，本解析の場合，この比は0.0295とほぼ等しい．そこで実際のイルカは矩形翼ではなく月形尾びれをしているので，これを等アスペクト比の矩形翼に置き換える．すなわち月形尾びれを2次曲線で近似し平均翼弦長を求めると $C = \frac{2}{3} C_0$ の関係が得られるので，$\sigma = 0.473$ となる．これは本解析の 0.3 よりやや大きめであるが，これには胴体部の抵抗係数 C_D 等が異なることや，海中での流れの変動等のためあえて安全側の高めを用いている等の原因が考えられるだろう．

また田中・永井らの研究グループは，水族館においてイルカの泳運動の観察を行なっている[19]．図1.22に，1周期分の体中心軸の動きを3コマ(1/16秒)毎に重ね合わせた彼らの結果を示す．そして図1.23に，本解析による $\sigma = 0.3$，$\theta = 0.7$ の最適運動時の1/16周期毎の体中心軸の動きを示す．ただし縦軸は拡大されている．田中・永井は図1.22について，「体中心軸の運動は胴体の最大断面積近傍を節とする1次モード振動であり，頭部の振幅も比較的大きい」と指摘しているが，全く同様の特徴が本解析においても表れていることが良くわかる．ただし図1.22と図1.23とで異なる点としては，図1.22では若干上下が非対称であることとまた振幅が最小となる胴体位置が本解析の方がやや前よりであることであろう．前者については，イルカの体構造が上下対称ではないことの他に，イルカが上下どちらかに力を発生しようとしている可能性も考えられる．しかし基本的パターンとしては上下とも違いはない．また後者については，本解析と実際のイルカにおいて胴体の重心位置や屈曲関節の位置が異なること等によるのであろう．無論，実際のイルカの胴体の屈曲関節は本解析のように明確に1個ではない．

(4) イルカロボットによる実験

著者らは以上の理論解析に基づいて，これまでに2機のイルカロボットを製作し実験的研究を行なっている．これらのロボットの遊泳性能はいまだ本

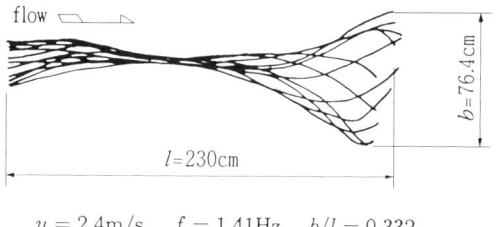

$u = 2.4$ m/s $f = 1.41$ Hz $b/l = 0.332$

図 1.22　イルカの体中心軸の 3 コマ (1/16 秒) 毎の重ね合わせ (田中・永井による)

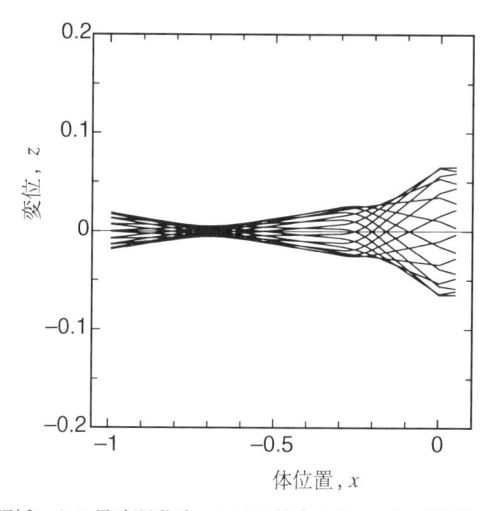

図 1.23　本解析による最適運動時における体中心軸の 1/16 周期毎の重ね合わせ

物のイルカなどに遠く及ばないものの，著者らが提唱した 2 関節モデルが実機においても十分有効であることを示すことはできたと考えている．簡単に実験機を紹介しよう．まず図 1.24 および 1.25 に最初に製作した 1 号機を示す．1 号機は胴体部全長 1.75 m，圧縮空気駆動であり，エアコンプレッサ用のタンクを流用したエアタンクとエアモータを有している．エアモータの回転はギアとクランクにより第 1 関節の往復運動に変換される．第 2 関節はばねにより支持されており，尾びれに働く流体力により受動的に運動する．なお左右および垂直方向の方向制御機構は有していないので，1 号機の場合，直進させるために先頭部分に取り付けたロープで人間が方向を調節する必要があり，かつ水面付近での遊泳のみ可能であった．測定実験の結果，1

図 1.24 イルカロボット 1 号機写真

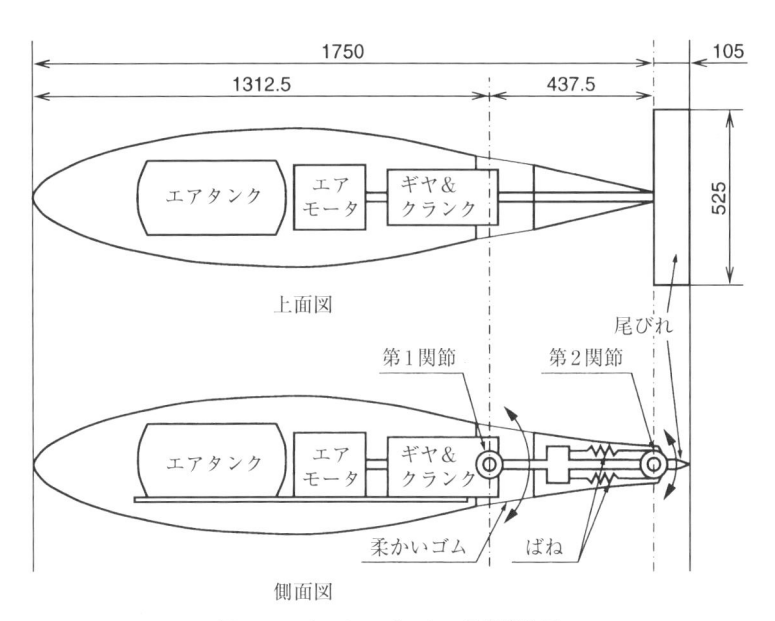

図 1.25 イルカロボット 1 号機概略図

号機では最高推進速度 1.15 m/s，最大推進効率 0.7 を達成した．なお 1 号機による実験の詳細は論文[37] を参照して頂きたい．さらに，1 号機の欠点である，左右の方向制御機構が無いことおよびアクチュータ出力がそれほど高くないことなどを解消すべく，筆者らは図 1.26 に示す 2 号機を製作した．2 号機は全体の基本的構造は 1 号機とほぼ同じであるが，1 号機よりやや大きく胴体部全長 1.9 m であり，自動車スタータ用の高出力モータとバッテリ

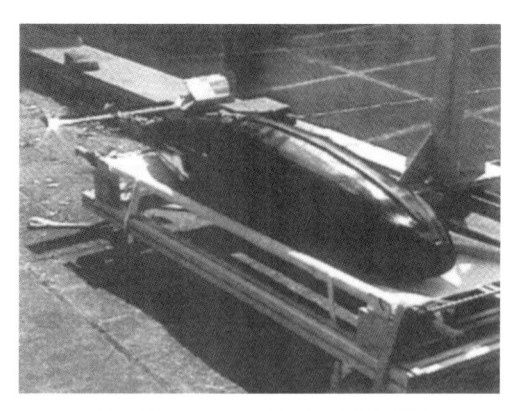

図 1.26 イルカロボット 2 号機写真

ーを有している．またリモートコントロールにより左右の方向制御が可能となっており，測定のためのデータ記録システムや防水性など多くの点で 1 号機から改善がなされた．本 2 号機では，最大推進速度 1.9 m/s を達成しており，推進効率も 1 号機と同程度の結果が得られている．詳細はやはり論文[38]を参照して頂きたい．現在も 2 号機でのデータ収集を継続しているところである．

1.5 おわりに

「はじめに」でも述べたように，魚類や鯨類の遊泳運動は古代より人間を魅了し，これまでにも多くの研究がなされてきた．その結果，「理想流体」などの近似の範囲内では，本章でも述べたようにほぼ基本原理が説明できるところまで解明されている．しかしこれらの近似理論の有効性(限界)には常に注意する必要があり，なんらかの方法で有効性を検証しなければならない．そのためには，CFD による直接数値シミュレーションのようなより厳密な理論解析，"本物の"遊泳動物による実験，および人工のモデル機構による実験などから，定量的に信頼できるデータを得なければならないが，このようなデータはまだまだ不足しているのが現状であり，今後の課題であると考えられる．

特に実験については，遊泳動物による実験と，人工のモデル機構による実験の双方が重要である．遊泳動物による実験では，測定器具の取り付けや，

所望の運動を行なわせることなどが困難であるため，マグロやイルカなどが全力で高速遊泳を行なっている時の流体力や体まわりの流れの状態などに関してはいまだにほとんどデータが無い．今後このような実験をより有意義に行なうために必要なものとしては，動物の生理・生態などに詳しい動物学者など他分野の研究者との連携・協力などが挙げられるだろう．

また，高速遊泳動物を模倣した人工モデル機構による実験の分野についても，「はじめに」で述べたいくつかの実験的研究や著者らによるイルカロボットの実験など，まだ始まったばかりといって良く，やはりデータの絶対量が不足している．人工機構による実験では，様々な測定器具を付けたり，観測したい運動を行わせたりすることが動物による実験よりもはるかに容易であるので，近似理論の妥当性の検証にはうってつけである．しかし，モデル機構の場合，モデル化されていない要素についての知見は当然のことながら得ることができない．例えばモデル機の表面の状態が遊泳動物のそれとは異なれば当然その効果は確かめることはできない．よって，最終的にはやはり実際の動物達との比較が重要になるであろう．

結局，我々が高速遊泳動物達の推進能力の秘密をすべて明らかにしたといえるのは，彼らと完全に同等な運動性能を持つ人工遊泳機構を我々が実現した時なのかもしれない．そのような日が早く訪れるよう，筆者らも微力を尽くしていきたい．

本章がこの魅力的な分野へ読者をいざなう役割を果たしていれば幸いである．

参考文献

1) Bainbridge, R., *Journal of Experimental Biology*, Vol. **35**, (1958), pp.109.
2) Bainbridge, R., *Journal of Experimental Biology*, Vol. **37**, (1960), pp.129.
3) Gray, J. and Hancock, G. J., *Journal of Experimental Biology*, Vol. **32**, (1955), pp.802.
4) Lightihill, M. J. *Journal of Fluid Mechanics*, Vol. **9**, (1960), pp.305.
5) Lighthill, M. J., *Journal of Fluid Mechanics*, Vol. **44**, No. 2, (1970), pp.265.
6) 一色尚次, 金属, Vol. **44**, No. 11, (1976), pp.61.
7) 一色尚次, 金属, Vol. **46**, No. 12, (1976), pp.65.
8) 森川, "生物に学ぶバイオメカニズム, 第6章, ひれによる推進", 工業調査会,

(1987), pp.71.
9) Triantafyllou, M.,S.,日経サイエンス, 3月号, (1994), pp.144.
10) 永井・照井・中井, 日本機械学会論文集, Vol. **62**, No. 597, B(1996), pp.177.
11) Anderson, J. M. and Kerrebrock, P. A., Proceedings of the 11th Int. Symp. Unmanned Untethered Submersible Technology,(1999)pp.360.
12) Hirata, K., Takimoto, T. and Tamura, K., Proceedings of the First Int. Symp. on Aqua Bio-Mechanisms/Int. Seminar on Aqua Bio-Mechanisms, (2000)pp.287.
13) 中島・小野, 日本機械学会論文集, Vol. **62**, No. 600, B,(1996), pp.3044.
14) 中島・小野, 日本機械学会論文集, Vol. **62**, No. 602, B,(1996), pp.3599.
15) 中島・小野, 日本機械学会論文集, Vol. **62**, No. 602, B,(1996), pp.3607.
16) 中島・小野, 日本機械学会論文集, Vol. **65**, No. 629, B,(1999), pp.100.
17) 中島・小野, 日本機械学会論文集, Vol. **66**, No. 643, B,(2000), pp.686.
18) (社)日本造船学会編, "船舶工学用語集", 成山堂, (1986), pp.101.
19) 田中・永井, "抵抗と推進の流体力学―水棲動物の高速遊泳能力に学ぶ―", シップ・アンド・オーシャン財団, (1996).
20) Lighthill, M. J., *Mathematical Biofluiddynamics*, Society for Industrial and Applied Mathematics, Philadelphia(1975).
21) E. J. シュライパー, "鯨 [原書第2版]", 東京大学出版会, (1965), pp.91.
22) 東, "生物・その素晴らしい動き", 共立出版(1986).
23) 加藤・稲葉, 日本造船学会誌, Vol. **182**, (1997), pp.129.
24) 神部, 日本物理学会誌, Vol. **33**, No. 6, (1978), pp.484.
25) 東, "航空工学(I)", 裳華房, (1989).
26) Chopra, M. G., *Journal of Fluid Mechanics*, Vol. **64**, No. 2, (1974), pp.375.
27) Chopra, M. G., *Journal of Fluid Mechanics*, Vol. **74**, No. 1, (1976), pp.161.
28) Chopra, M. G. and T Kambe, *Journal of Fluid Mechanics*, Vol. **79**, No. 1, (1977), pp.49.
29) Karpouzian, G., Spedding G. and Cheng, H. K., *Journal of Fluid Mechanics*, Vol. **210**, No. 4, (1990),pp.329.
30) Liu, P. and Bose, N., *Ocean Engng*, Vol. **20**, No. 1, (1993), pp.57.
31) 工藤, 久保田, 加藤, 山口, 日本造船学会論文集, No. 156, (1984), pp.82.
32) 久保田, 工藤, 加藤, 山口, 日本造船学会論文集, No. 156, (1984), pp.92.
33) 中島・小野, 日本機械学会論文集, Vol. **59**, No. 558, C,(1993), pp.407.
34) 中島・小野, 日本機械学会論文集, Vol. **60**, No. 569, B,(1994), pp.141.
35) 中島・小野, 日本機械学会論文集, Vol. **60**, No. 569, B,(1994), pp.147.
36) 中島・小野, 日本機械学会論文集, Vol. **60**, No. 580, B,(1994), pp.4095.
37) 中島, 徳尾, 小野, 日本機械学会論文集, Vol. **66**, No. 643, B,(2000), pp.703.
38) 中島・小野, 日本機械学会流体工学部門講演会講演論文集, No. 99-19, (1999), pp.449.

第2章　6足昆虫ロボットの自律歩行の力学原理

〈要約〉現代の科学技術の方法論は自然のある場面を切り取ってきて，その状況が一定であるとしたときに成り立つ法則性を追求してきた．したがって，予測不可能な環境変化の下での運動制御などを実時間で柔軟に行なうことはできない．一方生命システムはこれらの問題を実時間で行なう方法を有しているように見える．この差は本質的に不良設定問題となる課題を良設定問題にする方法論を持っているか持っていないかの違いによる．予測不可能的に複雑に変化する環境下で不良設定問題を良設定問題にするには初期条件，パラメータ，境界条件をシステム自身が自律的に決定できる機構を有する必要がある．このことによって初めて情報を生成する創発的システムが構築できることになる．この情報生成の機構が生物の運動制御や環境認識において本質的であり，本稿ではこの問題を考察してみる．

2.1　はじめに

　これまでの制御理論は系をある一定の環境に置いたときに指定した機能をもつように制御することを目的としている．例えば，ノーバート・ウィナーのCyberneticsによれば，「我々の状況に関する二つの変量があるものとして，その一方は我々の制御できないもの，他の一方は我々に調節できるものであるとしましょう．その時制御できない変量の過去から現在に至るまでの値に基づいて，調節できる変量の値を適当に定め，我々に最も都合の良い状況をもたらせたいという望みが持たれます．（岩波書店，池原ら訳）」．現代の制御論はこの考えに基づいて発達してきたが，その理論はシステムが取りうる状態空間が規定可能であることを前提として成り立つ．

　現代我々が用いているシステムは益々巨大化し，複雑化する一方である．このようなシステムでも一定の環境下に置かれた場合は要素の数が膨大でも個々の要素に中央から個別に制御情報を送れば原理的には制御可能である．しかし，構成する要素が多くなれば処理しなければならない計算量は幾何級数的に増大するので，現実には制御対象の数が多くなると時々刻々制御情

報を計算することは非常に困難になってくる．この問題に関しては様々な方法論が開発されてきた．現在でも盛んに行なわれているのは，この種の問題は最適解を求めるのが困難であるということから，最適解を求めることをあきらめ，より良い近似解を求めるにはどうしたら良いかということから出発しようとする方法である．ニューラルネットの方法がそれに当たり，そこでは最適値であることは保証されないが近似解は計算時間を大幅に短縮して求めることができる方法論である．現在盛んに研究されているGAによる方法は効率的に近似解を求める方法論である．これは，規定可能ではあるが系の自由度が大きいために最適値を求めるのが困難な問題に適用できる，いわゆる「探索的な知」を取り扱う方法論であると考えられている．

　現代の科学技術の最も重要な課題の一つは，状態空間が規定できない場合，すなわち系の評価関数が予め原理的にも求めることができないような場合にも制御可能な方法論を開発することである．系をとりまく環境が複雑な時空間構造を持ち，かつその変化が予測不可能な場合，これまで用いてきた方法はいずれも有効ではなくなる．これを無限定問題というが，無限定問題は一般的に不良設定問題になる．環境は一般に予測不可能に変化するので，システムが環境の複雑性に対応するためには，システムの情報処理系の自由度を増大する必要がある．これは環境を認識する場合でも，環境に応じてシステムを制御する場合にも当てはまる．複雑さを全て数え上げてシステムに組み込むという従来のやり方は，予測不可能ということからすれば，原理的にできない．無限定問題に対応できるシステムはこれまで存在しなかった「知」を取り扱うことになるので，「探索的な知」ではなくて必然的に「生成的な知」を取り扱うことになる．いい換えれば，「生成的な知」は「知」をシステムの外から与えることはできないので，これまでの科学の方法論である自他分離の記述によっては取り扱うことができない．

　無限定問題は，現在盛んに研究されている複雑系とも論理構造を異にする．複雑系はその置かれた環境に応じて多様な時空間パターンを自己組織することができる．複雑系は非線形ダイナミカルシステムの一つであり，固有のダイナミクスを持つ多数の要素により構成され，ある拘束条件下で複雑な相互作用をすることによって多様な時空間パターンを自発的に形成する．

この性質を利用して線形システムでは実現できなかった機能を実現するための研究が行なわれている．複雑系に自発的に形成される動的な秩序を，記憶・探索等の情報処理に用いたり，運動制御に用いる研究がそれに当たり，それなりに有効な場合もある．しかし，そこで行なわれているのは与えられた機能を複雑系の持つ時空間パターンに埋め込むことなので，この立場は依然として自他分離の立場であり，「知」はシステムの外にあることになる．

予測できない複雑な環境変化に対して，システムが受動的に対応することでは目的を達成することはできないので，システムは環境との間に適切な関係を作り出すという能動性を持っていなければならない．これをシステムの自律性といい，現在の複雑系の研究と異なっている点である．予測不可能的に変化する環境下でも目的を柔軟に達成するには，要素の性質と要素間の関係をあらかじめ設定しておくことはできない．要素の性質と要素間の関係が状況に応じて決まるようなシステムを不完結システムといい，この場合システムと環境とを分離することができないので，必然的に自他非分離の方法論となる．つまり，不良設定問題を取り扱うにはシステムは不完結であることが必要で，それを完結させ，良設定問題にするためにはシステムが自己言及性を持つことが必要条件となる．そのシステムを構成する要素もシステムと調和的な関係を作り出す必要があるので，要素自身もまた自己言及的であることが必要となる．

2.2 無限定問題と生命システム

無限定問題に時々刻々直面する生命システムの特長をここでまとめてみる．生体を構成する要素の数はこれまで工学的に取り扱ってきたシステムに比べて圧倒的に多い．人間の脳では一千億に上る程である．もし脳を構成する各要素の力学方程式が書けたとしても，要素の数が多ければ我々が得られる情報が限られているために初期条件や各パラメータを全て決定することはできなくなるので，この場合はいわゆる不良設定問題となる．自他分離の外的観点から不良設定問題を解くためには，未知の変数を減じたり，パラメータが定まるように人為的に種々の拘束条件をシステムに課すことによって，良設定問題にして解くことになる．しかし，脳のようなシステムでは外から

他律的に拘束条件を懸けることで規定可能な問題とすることは観測限界からほとんど不可能である．さらに，生命システムの場合は上述のように不良設定問題であることが本質的であり，そうでなければ予測不可能的に変化する環境下では認識や運動制御ができないという問題がある．生命システムはある環境に置かれたときに初めて意味を持つ．与えられた環境と生命システムが一体となって拘束条件を作ることによって，生命システムは与えられた環境下で自己と環境との関係を付けることができるからである．しかしこの拘束条件を作るということと，環境が生命システムの全ての要素に初期条件やパラメータを与えるということは本質的に異なる．それは拘束条件を生命システムが自己言及的に生成するからである．

生命システムは環境を認識したあと，運動の目的を作り，その目的を遂行するために運動計画を作るが，それを達成するには環境の変化に適切に対応して行動できるような運動の制御を必要とする．この運動の制御も無限定な環境に対応するという意味で，また不良設定問題である．しかし生命システムの運動制御も効果器である筋肉1本1本に対する制御情報を細かく指令するわけではない．目的という少数自由度の指令を用いて筋肉システムという大自由度システムを制御しなくてはならない．この不良設定問題の一つの例を歩行制御に当てはめて具体的に適用して見ることにする．この制御システムは目的と環境を調和させるために，生命システムの運動制御では要素のパラメータをシステム自ら決定できる機構を有している．このことによって制御できるシステムは機能を創発できることになり，そのためには情報を生成することが必要となる．

2.3 不完結システムとしての多形回路[1)]

生命システムの制御システムとして最も進化したものは神経回路網である．この神経回路は認識から運動制御まで様々な無限定問題に対応できるシステムであるといえる．しかながらこの神経回路網の機能はこれまで十分に明らかにされてきたとはいえない．それは無限定問題に対してどの様な機構で情報を処理しているかどうかが明らかにされていないからである．神経回路網の機能を論じるとき，要素である神経細胞を単なる閾値素子として見る

のか,それ自身複雑性を有する素子と見るのかでは決定的な差が存在する.これまで多くのモデルでは神経回路網は単純な閾値素子が興奮性シナプスや抑制性のシナプスで結合することによって構成され,機能はこの複雑な結合パターンによって生じると考えられてきた.この場合,この結合パターンはデジタルコンピュータのプログラムの役割をしていて,入力データはこの結合パターンを通じて一義的に処理されることになる.必然的に神経回路と機能は1対1に対応する性質を持つ.しかし,生理学的な研究が進むにつれ神経回路網は状況に応じてダイナミックにパターンを生成する多義的な回路であることが明らかになった.この場合神経回路網を構成する要素はそれ自身複雑で,性質の異なる多様性を有する必要がある.この現象は1985年にGettingにより多形回路[2]と名付けられ,1989年に回路の多機能性として提唱されることなる.この多形回路は無脊椎動物の運動系を中心に研究が進められてきたが,近年下等脊椎動物の歩行リズムや聴覚系でもその存在が明らかになってきた.ここではこの多形回路が無限定問題では本質的であると考え,この多形神経回路網の制御機構を明らかにすることによって運動制御の問題を明らかにする.

a) 多形回路の例と多形回路出現機構

多形回路は上位神経系から修飾物質で表される少数自由度の入力を受けて,その入力を元に多様な出力パターンを生成する情報生成系である.最も研究が進んでいるロブスターの幽門神経系の多形回路は図2.1に示すような14個6種の神経細胞からなることが明らかになっている.この回路が神経回路網の環境に依存して図2.2のようにダイナミックに周期や位相関係が変化する.実験結果から多形回路の特長をまとめると,

1) 神経細胞の活動は内因性の弛緩振動特性を有する.
2) 位相関係はPostinhibitory Rebound特性によって起きる.
3) 多形回路の生成に関与するのは弛緩振動であり,出力バーストは寄与しない.
4) 多形性を決定するのはモノアミン等の修飾物質含有神経からの入力である.

この様なダイナミックな神経回路網をモデル化するに当たっては,要素を

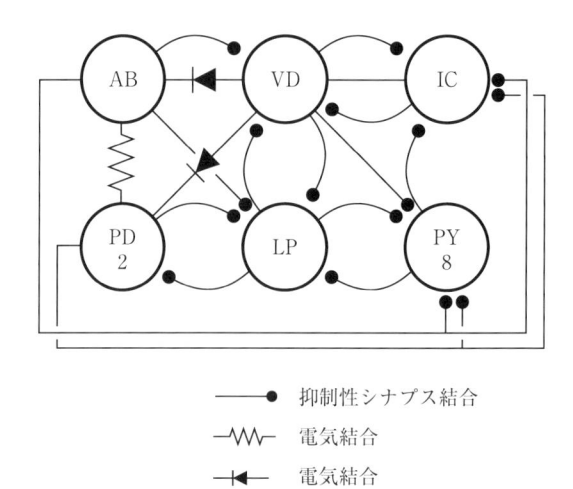

―● 抑制性シナプス結合
―W― 電気結合
―◁― 電気結合

図2.1 多形回路の一つである幽門回路；AB, VD, IC, PD, PY はそれぞれ幽門回路を構成する神経細胞の種類で，2 と 8 は同じ種類の細胞が 2 個及び 8 個存在することを示す．

どの様な素子で記述するかが問題となる．神経細胞の興奮の定量的記述に成功した例として Hodgkin-Huxley 方程式（H-H 方程式）がよく知られている．この研究は神経細胞の軸索の興奮の動的性質を分子的レベルから説明できたという意味で高い評価を得ている．この方程式は，しかしながら，4次の連立方程式であり，これをシステムの要素として用いるには複雑すぎる．そこでこれを簡単化した Fitzhugh-Nagumo 方程式（BVP 方程式）が用いられることが多い．もちろん解析的に求めたものではないが，位相平面解析を行なうと両者が似ているということで H-H 方程式の単純形として用いられている．ところがこの方程式は今度は逆に簡単すぎてシステムの要素として用いるには適当ではない．実際の神経細胞は膜の性質や入力により振動数が大きく変わるのに対し，Fitzhugh-Nagumo 方程式ではパラメータを振動領域で大きく変えても振動数は大きくは変わらないので，この式で一般的な振動を記述するのは困難である．また，現在非線形振動子としてよく用いられている van der Pol, Mathieu, Duffing 等の振動子も同様の理由から神経細胞を記述する方程式としては適当ではない．そこで我々はこれらの条件を満足するような新しい非線形方程式を探した．

非線形振動子といっても論理的には求めることはできないので，アナログ

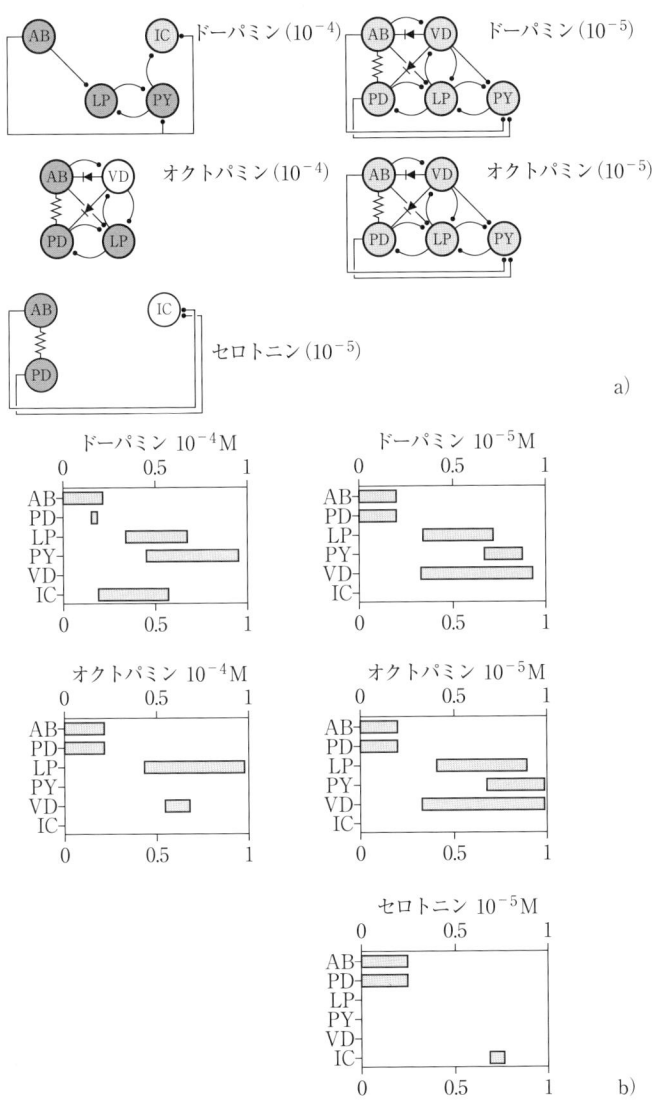

図 2.2　a) 幽門回路が様々なモノアミン濃度に浸したときに現れる電気的活動の空間パターン，DA；ドーパミン，OCT；オクトパミン，5-HT；セロトニンで数字はそれらのモル濃度である．AB, VD, IC, PD, LP, PY のグレイスケールは濃度が濃いほど活動が強いことを表す．
b) 幽門回路を様々なモノアミン濃度に浸したときに現れる電気活動の時間的パターン；それぞれの周期で規格化することにより，相対的な位相関係を示す．条件は a) と同じである．

コンピュータを用いて以下に示す三つの基準を満たす非線形振動子を求めた．

a) 神経軸索の実験式である Hodgkin-Huxley の式を特別な場合として内包していること．

b) 要素の構造が簡単であることはもちろんシステム設計に便利であるよう周波数，波形のパラメータ依存性がはっきりしていること．

c) 入力依存的に周波数が変わり，周波数に関する自由度が高く，複雑な入力に対しても柔軟に引き込むこと．

その結果，次のような非線形振動子が適当であることが分かった．

$$\frac{d^2x}{dt^2}+f(x)\frac{dx}{dt}+g(x)=D$$

ここで，

$$f(x)=A\ x^2+B\ x+C$$
$$g(x)=cx+R$$
$$D=d$$

である．

紙面の関係上，この振動子について詳述することはできないが，A，B，C，c を変化させることで振動子の時定数を変化させることができる．R は静止膜電位に相当し，d はこの振動子に対する入力項である．この我々のオリジナル振動子を KYS 振動子と称し，これを用いて回路を構成した．この振動子のパラメータは実験値と合わせることによって決定することになる．ここでは歩行制御を問題としているので，回路網，つまり要素間の結合は実験によりすでに明らかになっている解剖学的結果を基に構成することになる．パラメータは表 2.1 に示す通りである．さらに各神経細胞の c 依存性，R 依存性は図 2.3 に示してある．この実験は KYS 振動子を用いてパラメータが周囲のモノアミン濃度の関数であるとしていることに相当する．このモデルの結果を図 2.4 に示すが，図 2.2 の実験結果と良く一致することが分かる．

ここまで多形回路網が自在に時空間パターンを生成することができることを示したが，次に重要なことはこの神経回路網が目的に応じて制御情報を生

表2.1 モデルシミュレーションで用いた化学シナプスの強度の表．縦軸はプレシナプティクニューロンを表し，横軸はポストのニューロンを表す．電気的結合の強さは表の下に示している．
化学シナップス

		Post-Synaptic Neuron					
		AB	PD	LP	PY	VD	IC
Pre Synaptic Neuron	AB			1.0	1.0	2.0	1.0
	PD			1.0	1.0		1.0
	LP		0.2		0.2	0.2	
	PY			0.2			0.2
	VD			0.2	0.2		0.2
	IC					0.2	

電気的結合
AB-PD : 2.0, AB-VO, PD-VD : 0.1, LP-PY : 0.05

成する機構である．情報生成すなわち要素間の関係生成ルールには2種類あって，一つは要素間の関係をつけるルールともう一つは拘束条件を変えるルールである．一般に情報処理システムが階層性を持つ場合，各サブシステムは要素間の関係の付け方のルールと境界条件を変えるルールを持っている．各サブシステムにおける秩序の形成はシステム内の要素の環境を変えることで可能になる．すなわち環境によって要素の性質が変わり，それによって要素間の関係が変化する．この要素間の関係の付け方のルールは変化する必要がない場合もあるが，境界条件の変化の仕方によっては関係生成のルールは変更しなければならない．また場合によっては関係生成ルールそのものを作り出す必要が出てくる．関係生成ルールを作り出すということは人間の創造性とつながる高次の問題である．しかし，これは人間特有のことではなくて猿や犬等でも関係性を発見できることから，関係生成ルールを獲得することができるといえるが，ルールは発見されるものであってルールそのものを直接教え込むことはできない．生命システムの神経系の場合，要素である神経細胞の状態が変化するとその要素の環境もまた変化するのが常であり，環境と要素は双方向的に影響を与える．神経細胞の環境の変化はゆっくりしており，その空間的な広がりは大きいのでこの環境変化は境界条件の変化として扱うことができる．情報の自律生成にとって重要なことは各階層における要素間の関係を付けるルールと，拘束条件の時間発展の法則性すなわち境界条

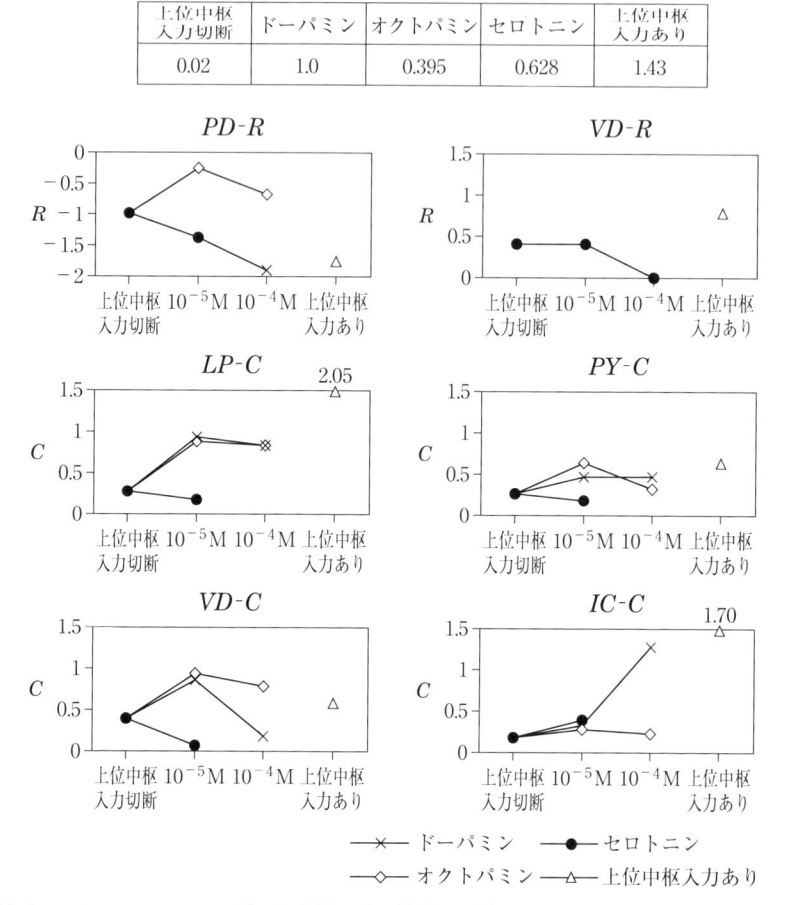

AB-C

上位中枢入力切断	ドーパミン	オクトパミン	セロトニン	上位中枢入力あり
0.02	1.0	0.395	0.628	1.43

PD-R, *VD-R*, *LP-C*, *PY-C*, *VD-C*, *IC-C*

凡例：—×— ドーパミン　—●— セロトニン　—◇— オクトパミン　—△— 上位中枢入力あり

図 2.3　シミュレーションで用いた幽門回路を構成する神経細胞の各モノアミン濃度依存性；AB-c は AB 細胞の c の値，STN CUT は上位の脳神経説から感覚入力を断った時の値で，w/STNS は感覚入力が存在するときの値．細胞の種類を表す横の R と c はそれぞれ静止膜電位のモノアミン濃度依存性．c は g(x) における x の係数．

件の変化のルールである．これは生命システムの外界に対しての意味の付け方の法則性であるともいえる．問題はこのルールダイナミクスがどの様にして要素（神経回路網における神経細胞）の性質（パラメータ）を決定するかである．

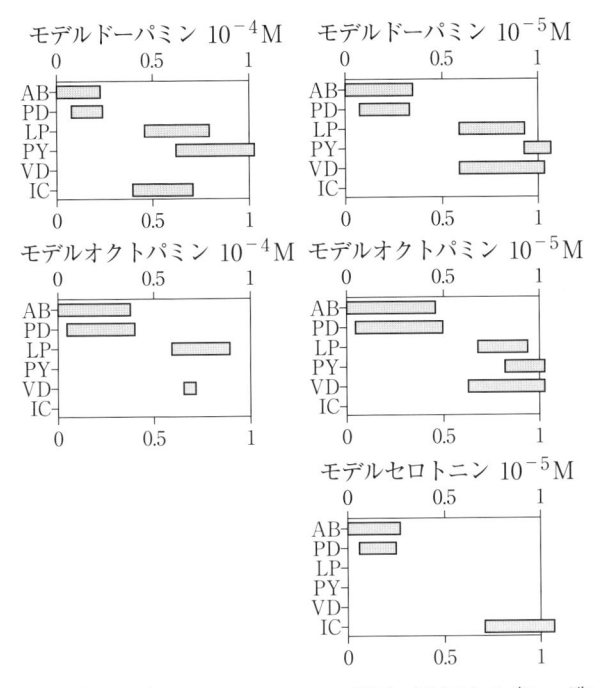

図 2.4 幽門回路のモデルのシミュレーション結果．図 2.2 b と良い一致を示す．

2.4 歩行制御[3)~6)]

よく知られているように生物の運動は三つの階層からなる．上位の階層は脳でありここで運動計画が作られる．この運動計画はセントラルパターンジェネレーター（CPG）（脊椎動物では脊髄，下等動物では下位の神経節）に伝えられ，そこで運動パターンを作ることで各筋肉を動かす（図 2.5）．しかしながらこの運動計画を作る脳は下位の階層であるセントラルパターンジェネレーターや筋肉細胞に対して中央集権的に制御を行なっているわけではなく，比較的少数の神経で制御していることが知られている．さらに動物が動く際に環境は一定の条件に保たれるわけではなく，通常は予測不可能的に変化する．従って生命システムは個体全体を状況依存的に制御するために，各筋肉の収縮速度，力の発生など多数の自由度を調和させながら制御しなければならない．このことは生命システムがいくつかのパターンをあらかじめ

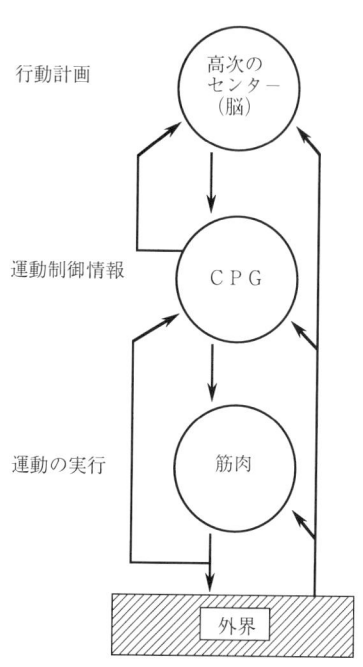

図2.5 運動制御の階層性の模式図．高次のセンターで運動計画を作り，セントラルパターンジェネレーター（CPG）で脊椎動物の場合脊椎，昆虫の場合は胸部神経節を表す．

用意していて，それを回路網の静的な安定モードとして記述する従来のやり方では対応できないことを意味する．このような問題に対する新しいアプローチの方法を研究するために比較的神経系の構造が単純で行動及び構造学的な知見の多い昆虫の歩行運動をとりあげ，その神経回路において作られる歩行パターンの自律生成を考察する．

まず，運動制御を考える前に，歩行運動の特徴を簡単にまとめておく．図2.6に示すのはHoytとTaylor[7]による実験で，馬の歩行の特徴を表したものである．横軸が歩行の速度で，縦軸はヒストグラムが歩行パターンの出現頻度，下に凸の曲線で結ばれているのは単位距離当たりの消費エネルギーを表している．馬を自然に走らせるとウォーク，トロット，ギャロップの三つの歩行パターンが現れるが，図2.6のヒストグラムを見るとわかるように三つのパターンの変化は連続していない．つまり，速度を上げるときはウォークからトロットに変化するがそれは不連続に変化し，その中間の速度では歩かない．これはギャロップに移行すときも同じである．しかし，トレッドミル上で歩かせるとその速度に合わせて歩行をするようになる．そのときのエネルギー消費量に着目すると，出現頻度の高い速度における単位距離当たりのエネルギー消費量は速度の如何にかかわらず，ほとんど同じである．最適の速度から外れるとエネルギー消費量は増大する．これは驚くべき結果で，生物は常に高いエネルギー効率で動けるように制御をしていることになる．つまり歩行の特徴をまとめると次のようになる．

1) 歩行速度に依存して歩行パターンを変化させる．

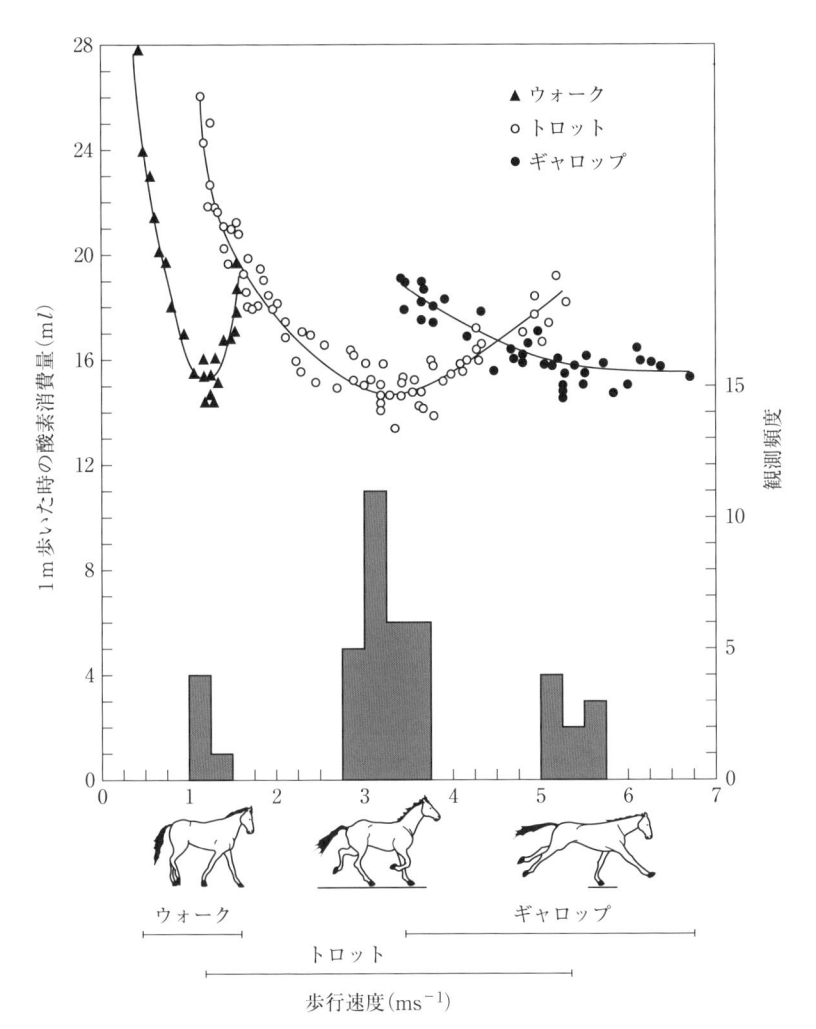

図 2.6 馬の歩行パターンとその単位距離移動に要するエネルギー消費量．横軸は馬の移動速度でヒストグラムはパターンの出現頻度で，▲，○，●はそれぞれウォーク，トロット，ギャロップにおける各移動速度における単位移動距離に要するエネルギー．各パターンの最適値はほとんど変わらない．

2) そのときの変化は相転移的である．

3) 単位距離を歩くときに消費されるエネルギー量は同じで速度に依存しない．

この歩行の特徴は4足歩行に限らず，昆虫などの6足歩行でも基本的には同じである．昆虫の歩行のパターンを図2.7に示す．ここで白抜きの部分は足がスイングしている場合を示し，黒の部分は設置していることを表す．LとRはそれぞれ左側の足，右側の足を表し，数字は1が前足，2が中足，3が後ろ足を表す．この図の上はゆっくり歩いているときで，後ろ足から順番に動かすことからメタクロナールと呼ばれる．下の図は早く歩いているときで同時に3本がスイングすることからトライポッドパターンといわれる．一般に歩行をする際は歩行速度だけではなく，負荷も環境の変動に対して変化する．また，動物は怪我をしたり不慮の事故に遭うことも多い．このように実世界ではシステムも，環境も予測不可能的に変化する．例えば，歩行の速度を目的として設定した場合，その目的を達成するようにシステムを制御するということは一種の逆問題になる．逆問題は一般的に不良設定問題にな

図2.7 昆虫の歩行パターン．横軸は時間を表し，上の図は移動速度が遅い場合で，下は速い場合．白抜きバーはスイング相で足が持ち上げられているときを表し，黒の部分は接地しているときを表す．遅い場合はメタクロナール，速い場合はトライポッドと呼ばれる．

る．この不良設定問題をリアルタイムで解くというのが歩行を制御するということになる．制御された結果が出現する歩行パターンということになり，これを如何に生成するのかが問題である．

　歩行制御系として CPG を多形回路として取り扱う．この回路が目的と状況に応じた歩行パターンを自律的に生成するためには，神経回路網の各要素間に状況依存的に関係を生成するルールが必要である．さらに，このルールが働くための拘束条件として神経回路網の構造と，それに支配される筋肉の構造がある．つまり神経細胞間の結合は構造的には一定であり，制御している間は静的な結合関係そのものは変化しない．昆虫の中枢神経系は左右対照な梯状の神経節よりなっている．このうち，肢の動きを制御する神経節はそれぞれ，前肢を制御する前胸神経節，中肢を制御する中胸神経節，後肢を制御する後胸神経節の三つからなっており，各々左右一対あり，互いに連絡している．さらにこれらは上位の神経節である脳神経節と連絡している．これらの神経節を構成する神経細胞は，機能的に 5 種類に大別される．肢を動かす筋肉の状態が感覚神経を介して神経系にフィードバックされる．このとき，得られる情報は筋肉が発生する力と伸張状態（位置）及び接触に関する情報である．これらの環境情報はまずセグメント内の Local spiking interneuron の形成する回路によって，肢の状態変化に応じて反応するものや，伸ばされたときのみ反応するものなど，複雑な受容野を持つ神経細胞によって担われている．この出力が神経節をつなぐ介在神経によって他のセグメントへ伝えられたり，セグメント内の駆動系へ伝達される．セグメント間を伝えられた情報やセグメント内での情報の多くは nonspiking interneuron に伝えられ，これを介して筋肉を直接制御する運動神経に伝えられる（図 2.8）．しかしながらこれらの知見は，いずれも静的な回路網の存在に関するもので，実際に作動しているときの振舞いは明らかになっていない．

　重要なことは作動しているときの神経系がどのような振舞いをするかということで，振舞いを決めるのに必要なものは関係生成ルールである．神経系の働きを理想化して考えると，各肢を動かす神経系は個体全体の要求，すなわちどの方向にどの位の速度で移動するかといったことを満足しながら，しかも変化する環境のもとで最もエネルギー変換効率の良い動きを生み出すこ

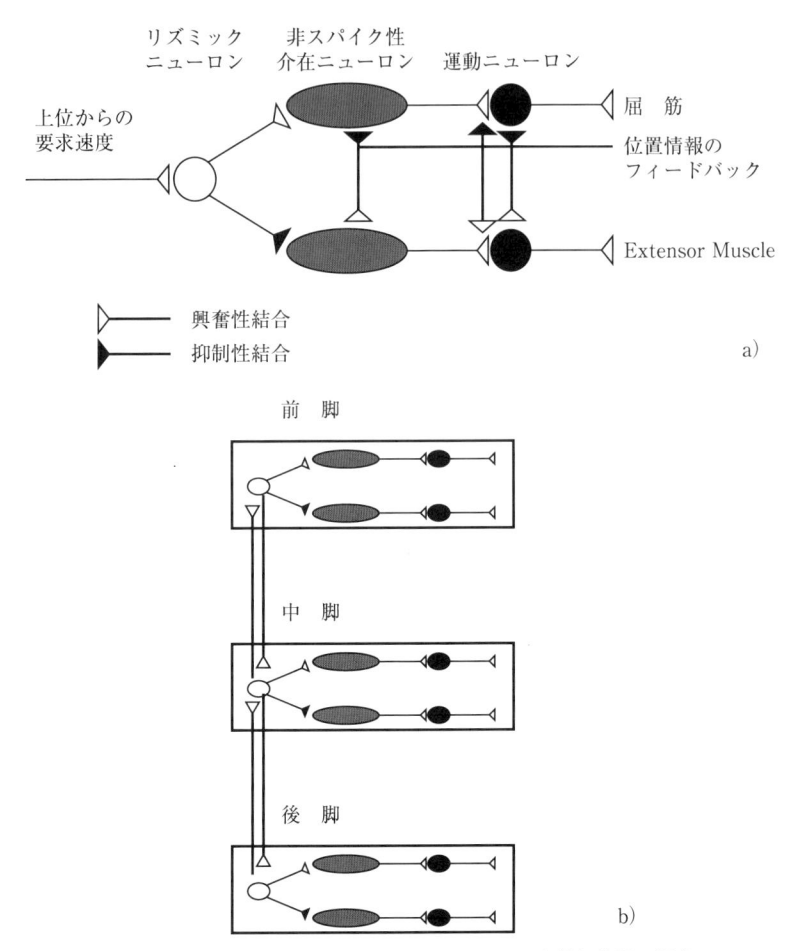

図 2.8 昆虫の胸部神経節内の a)神経回路網と, b)神経節間の場合.

とであると思われる.すなわち,生体システムは最終的な出力である筋肉の動特性を考慮して,エネルギー変換効率がなるべく高くなるように全体の動きを作り出さなければならない.よく知られるように筋肉は一定の荷重のもとでは一定の収縮速度になるようなミクロな制御機構を持っている.この関係は P-V(荷重-速度)関係といわれるもので,それによると筋肉にはエネルギー効率が最も高い力と収縮速度が存在し,それ以下でも以上でも効率が悪くなることが知られている(図 2.9).

ここで述べた様な神経回路の結合及び感覚情報の入力と筋肉の動特性を考慮すると，目的速度を実現するという条件の下で各部分におけるエネルギー消費を最適に分配させる原理として，各筋肉が最適効率で働くように協調的あるいは競合的に相互作用する神経回路網を考えることができる．すなわち，各肢が目的速度を達成するように，これを支配する神経回路の活動を個々の足にかかる負荷が回路内部の膜の性質を変えるようにフィードバックして，負荷を全体に分配させる方法を状況に応じて変化させる（図2.10）．最適出力以下の場合自らの出力を増して他の部分を抑制し，逆の場合は自己を抑制し他の部分を活性化させるように神経細胞の活動を規定するパラメータを変化させる．すなわち，各肢がそれぞれより効率的に働こうとする作用

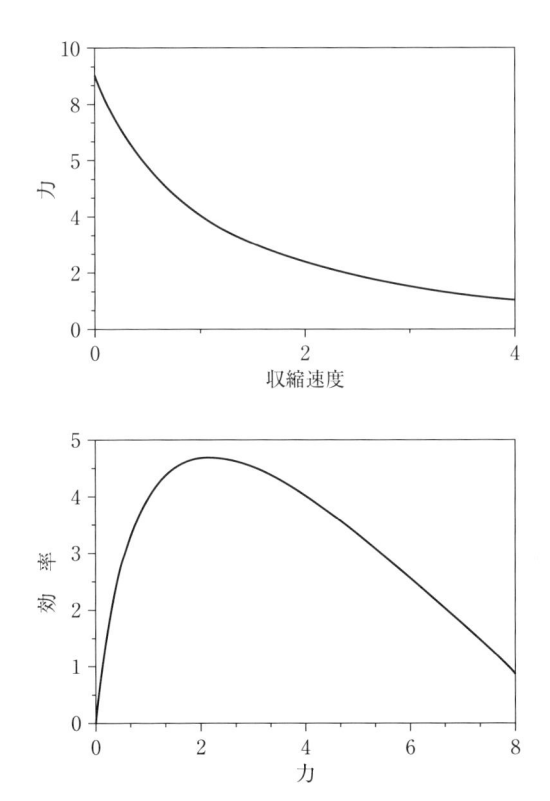

図2.9 a) 筋肉の収縮速度と張力発生の関係，P-V関係と呼ばれる．b) 張力発生とその時のエネルギー変換効率

が，与えられた目的の下で競合関係を生成することになる．この様な競合関係の結果として，全エネルギー負担はシステムに与えられた状況に応じて，目的を達成する条件の下で各部分がエネルギー変換効率が良い負荷で働くように分配される．これによって，エネルギー負担の各肢に懸かる時間的な配分と強度が決定される．

このモデルでは神経系を簡単化して，脳神経節から一定の入力を受けた Rhythmic neuron は出力を振動に変換する．Rhythmic neuron は神経節のコマンドニューロン的な役割をするが，この細胞が他の細胞にすべての指令を送っているわけではなく神経節内の全体のペースを決めるだけで，このペースが歩行の速度を決定していることになる．このモデルでは KYS 振動子の f(x) の項の A のパラメータが上位からの目的速度によって決定されることになる．Rhythmic neuron から入力を受けた Nonspiking interneuron は Motoneuron に出力を送るだけでなく，それが直接支配する筋肉の状態からの情報と他の各肢を支配する神経細胞からの情報を受けて統合する．従ってこの神経細胞は［全体］と［個］との調和をとる細胞であるといえる．ここでは各肢からの感覚情報はなるべく最適出力を出せるように作用する情報であるとした．つまり各要素が各々評価関数を持っており，その評価関数と自己の状態との関係を情報として送り，その情報が全体として統合されるモデルとなっているので個は全体の情報を持つことが可能になっている．具体的には上記の KYS 振動子のバネ定数に当たる g(x) の項を各肢が負担している点における効率の微係数をフィードバックさせることによって行なう．これが自律分散系が自律的に情報を作るために本質的に必要な機構である．なお，ここでは簡単のために各肢を動かすための筋肉として一対の拮抗筋（関節を伸ばす extensor と関節を縮める flexor）だけを考えた．

2.5　歩行パターンのシミュレーションとロボットの製作

ここでモデル化したシステムについて，目的（拘束条件）や環境が変わったときに生成される歩行パターンがどの様に変化するかを詳しく調べて，実験結果と比較した．計算したのは 1)目的速度が変化する場合 2)進行方向に平行な加重がかかった場合（Load　Effect）3)肢に損傷を与えた場合

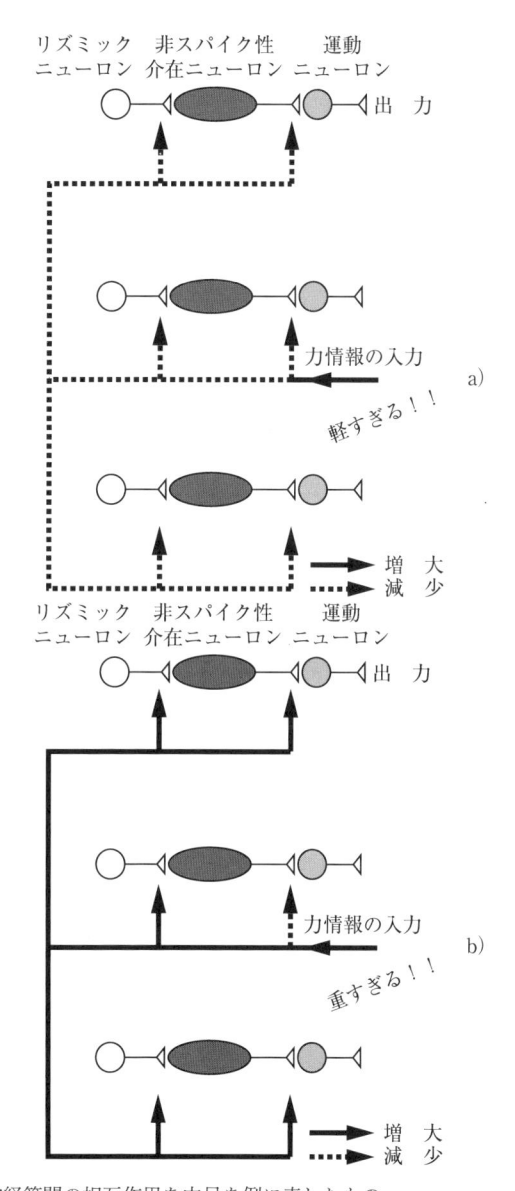

図 2.10 胸部神経節間の相互作用を中足を例に表したもの．
感覚神経からのフィードバック；a)中肢に注目すると，負荷が最大エネルギー変換効率より大きいとは，中肢を抑制して他の肢を活性化する．b)逆に負荷が軽すぎる場合は中肢を活性化して他を抑制するように働く．これが全ての肢について行なわれる．

(Amputation) 4) 肢の動きに対して外乱を与えた場合（Stability）である．

2.5.1 歩行パターンの速度による変化

実験的によく調べられているのは速度を上げていったときに歩行パターンが図 2.11 a に示すように，Gait 2 から Gait 1 に変化することである．中肢と前肢あるいは中肢と後肢は逆位相で動く．Gait 1 と Gait 2 の違いは前肢と後肢の位相関係である．図 2.11 b に示すように実験とよく合う結果が得られている．この変化は速度を上げていったときと逆に下げていったときではパターン変化の起きる速度が異なる．これは一種のヒステリシスであり，これらの変化が競合と協調によって起きる相転移現象であることを示している．さらにエネルギー変換効率を計算してみると単位距離当たりの消費エネルギーはほとんど変わらない（図 2.12）．これは馬の歩行実験で得られている実験結果と良く合う．

2.5.2 Load Effect

進行方向に平行な荷重を与えた場合，その荷重の増加に伴って歩行パターンの間の相転移点が低速度側にシフトするのが観察される（図 2.13）．荷重が増加するにしたがって肢相互の位相関係の揺らぎも又増大したが，生成するパターンには変化がみられなかった．この結果は実験事実に対応している．

2.5.3 Amputation

対応する肢の力の寄与及び力の Feedback のみを無効にする tibial amputee（下腿部切除）と，位置の制御及び位置の Feedback まで無効にする femoral amputee（上腿部切除）の 2 種類についてシミュレーションを試みた．tibial amputee では正常時の同様のパターンを生成したが，その相転移点は低速度側にシフトするのが観察された．また femoral amputee では，肢の位置に関する Feedback によるローカルな拘束条件が変化するため，位相関係の組替えが起こり，主として 2 種類のパターンに収束し，4 足動物と同じ様な歩き方を作り出すことができる．これらの現象はともに昆虫を用いた実験に非常によく対応している（図 2.14）．

2.5 歩行パターンのシミュレーションとロボットの製作　59

足並み1 ⟹ 足並み2　　　　　　　　　　　　　　　　　　　　　　a)

左前脚

左中脚

左後脚

右前脚

右中脚

右後脚

足並み2 ⟹ 足並み1　　　　　　　　　　　　　　　　　　　　　　b)

左前脚

左中脚

左後脚

右前脚

右中脚

右後脚

図 2.11　昆虫の歩行パターンのシミュレーション
　a) は目的速度を矢印の点で速い速度から遅い速度に変えた場合．トライポッドからメタクロナールへすばやく変化する．
　b) は目的速度を矢印の点で遅い速度から速い速度に変えた場合．メタクロナールからトライポッドへすばやく変化する．この変化は相転移的である．

2.5.4 Stability

　このモデルの生成する歩行パターンは安定であり，相当強度の外乱を受けても，元のパターンに収束するのが観察された．このとき，外乱を受けた肢は，運動の位相を状況によって前後にシフトし，ほぼ全てのケースで1〜2

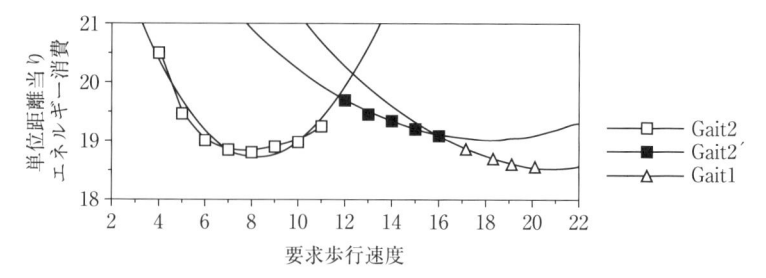

図 2.12　昆虫の歩行で単位距離を歩いたときに消費されるエネルギー．横軸は歩行速度 縦軸は消費エネルギー．

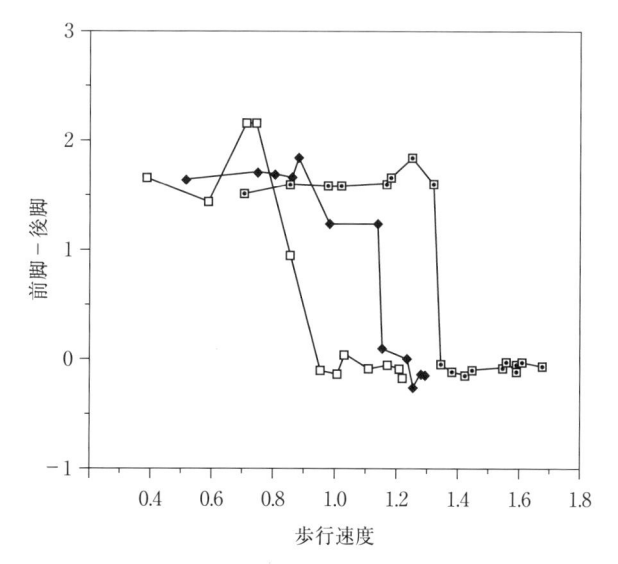

図 2.13　負荷を変化されたときに歩行パターンが転移する速度が変わる．負荷が多くなれば転移速度が大きくなる．横軸は歩行速度で縦軸は前足と後ろ足の位相関係を表わす．位相差がゼロは同期した運動を表す．

周期内に元のパターンに復帰した（図 2.15）．

　なお，これに基づいて図 2.16 に示すような歩行ロボットを製作した．このロボットは DC モータで駆動されるが，DC モータは基本的に筋肉と同じ様なエネルギー変換効率を有していることから，シミュレーションと同じ原理がそのまま適用できる．荷重を変えるとエネルギー効率が高くなるように歩行パターンを自律的に作り出すことが確認された（図 2.17）．

この方法は自律分散制御方式の新しい方法論として幅広く用いることができる．特に系全体の評価関数や軌道計算を必要としないことから，規定不能問題や不良設定問題に対して有効である．すなわち，拘束条件の変化が予測できないような場合には，ここで示したように各要素を関係づける法則（関係生成ルール）として［最大多数の最小不満足］則を導入することでシステムを制御する．情報には大きく分けてデータとルールがある．全てのデータを用意して対応しようとするエキスパートシステムのやり方は全体が規定できないことには成立しない．変化が予測を越えた場合には対応できないからである．これに対してルールで対応する方法はルールが適用できる限り柔軟に対応できる．しかも生命システムはこのルール自身を作り出す能力があるので，より柔軟な情報処理が可能になっている．例えばファジー理論との比較をして見ると，ファジー理論は全体の評価関数（メンバーシップ関数）を必要とするが，メンバーシップ関数は全体を規定しないと求まらないので予測不可能な変化に対してはメンバーシップ関数を求めること自体が不可能である．これに対し，この方法論は予測不能的に変化する外界に対して，目的を達成するようにリアルタイムで制御情報を生成するものである．一般にこのような問題は不良設定問題であり，不良設定問題を解くには拘束条件が必要である．この拘束条件をシステムの外から与える方法論はこれまで行なわれてきた．しかし，システムが自律的に制御情報を作り出すにはシステム自身が拘束条件を生成することが必要である．これをダイナミカルシステムで記述しようとすると，力学方程式の初期条件，パラメータを決定することが必要になる．自律性とはこれらの値を自らの目的と環境を調和させるべく，自己言及的にシステム自身が決めることに相当する．ここでは Rhythmic Neuron が存在することによりそのリズムとの関係を CPG の細胞が決めることができるという機構を有しているために，初期条件依存性は排除されている．さらに関係生成ルールにより各々の細胞の活動を記述する方程式のパラメータを自律的に決定することができる．つまり，分散した要素の評価関数を環境変化に対して関係生成ルールを用いて時々刻々統合する方法であるという点で大きく異なっている．これが不良設定問題を良設定問題にする機構であり，いい換えれば自らを制御する情報をシステム自身が生成するとい

中脚切断 （実　験）

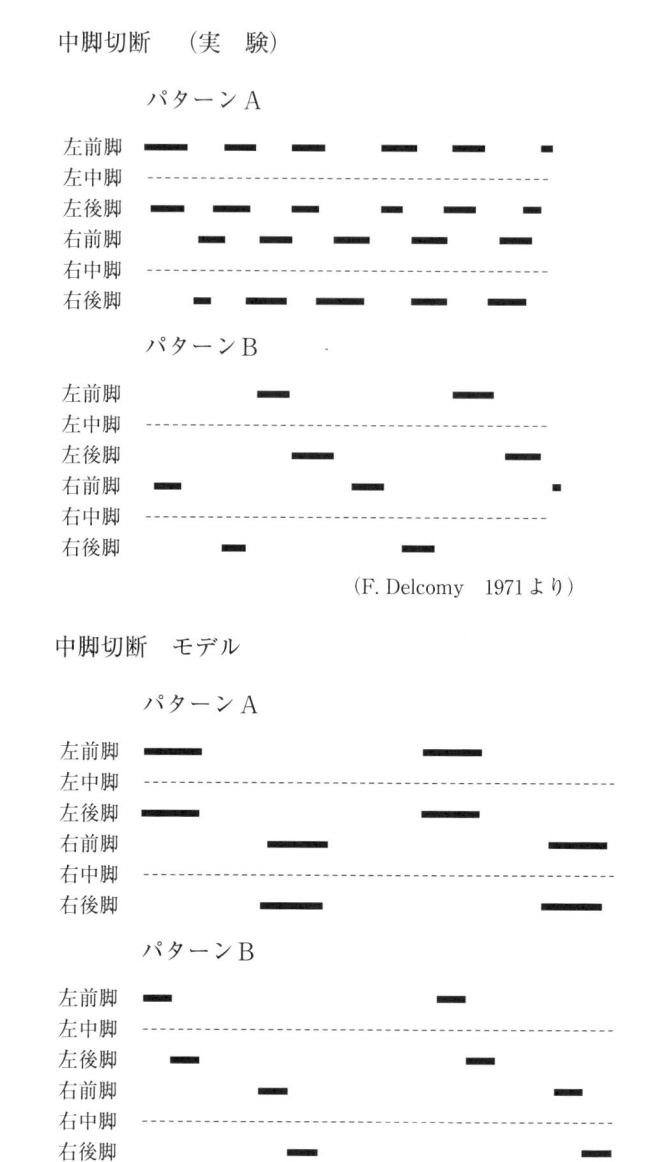

パターンA

左前脚
左中脚
左後脚
右前脚
右中脚
右後脚

パターンB

左前脚
左中脚
左後脚
右前脚
右中脚
右後脚

（F. Delcomy　1971 より）

中脚切断　モデル

パターンA

左前脚
左中脚
左後脚
右前脚
右中脚
右後脚

パターンB

左前脚
左中脚
左後脚
右前脚
右中脚
右後脚

図 2.14　中足を切断したときの歩行パターン．上の図は実験で，下の図はシミュレーション結果である．実験とシミュレーションは良く一致する．

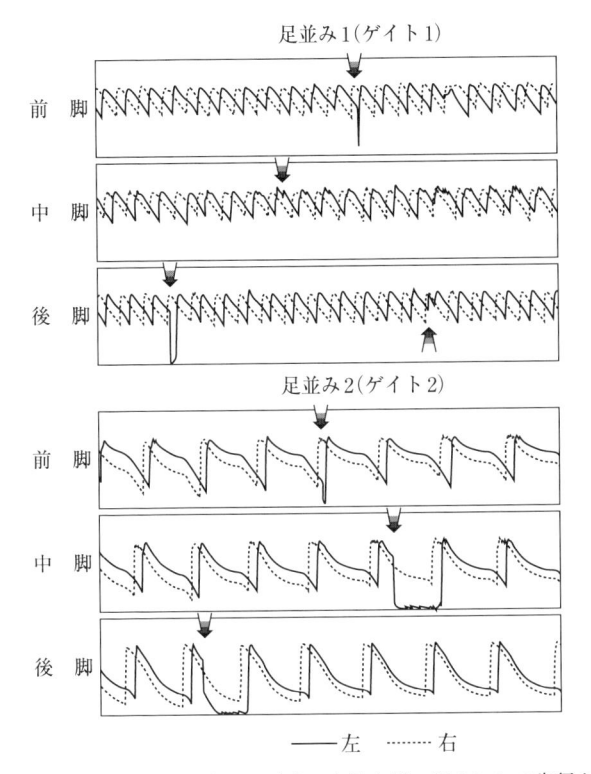

図2.15 歩行パターンの安定性．矢印の時点で各足を引っ張ることで歩行を攪乱しても直ちに元に戻る．これは歩行のどの時点で攪乱しても同じである．

うことである．そのための必要条件は，

 1) 情報を処理できるインテリジェンスをもつ能動的な要素からなるシステムであること（自己言及性を持つ）．

 2) 要素間の関係と，個と全体との関係を統合できる関係生成ルールを持っていること，である．これによってシステムが目的という拘束条件下で，適切な要素間の関係情報を時々刻々作り出して情報生成をすることが可能になり，全体が規定できないような問題が解決できることを明らかにした．これは個と全体の関係がとれるようなシステムであれば，ヘテロな要素が異なる評価関数を持っている場合にも適用することが可能となる新しい制御方法で，不良設定問題の制御原理を明らかにしていく上でその意義は大きい．

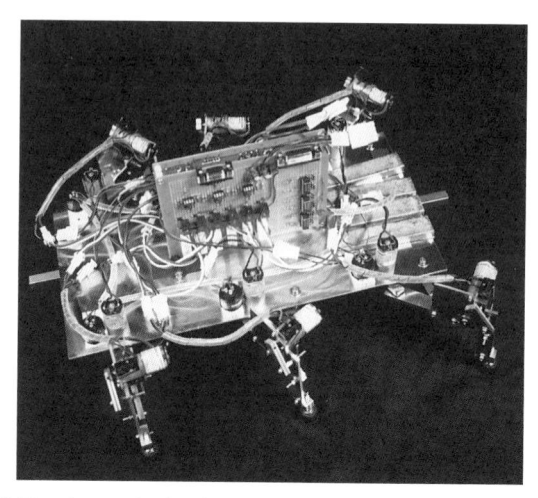

図 2.16 昆虫歩行ロボットの写真．各足はチェビセッフリンクで作られており，モータはDCモータを用い，リフト用に1個，駆動用に1個取り付けられている．DCモータは回転速度を決めると，発生するトルクに応じてエネルギー変換効率が変化する．これは筋肉のエネルギー変換と良く似ているので，シミュレーションと同じように相互作用させることでパターン変化がでる．

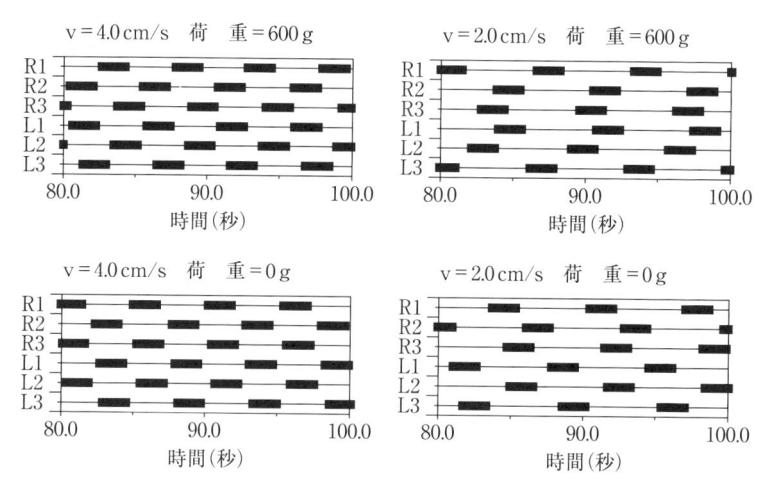

図 2.17 昆虫ロボットで実測された歩行パターン．実験条件は図中にある．

参考文献

1) Y. Makino, M. Akiyama & M. Yano, Emergent mechanisms in multiple pattrn generation of the lobster pyloric network, Biol. Cybernetics vol. **82** (2000) pp. 443-454.
2) P. Getting & M. S. Dekin, in "Model Neural Networks and Behavior, A. I. Selverston ed." (1985) pp. 3-20.
3) S. Kimura, M. Yano & H. Shimizu, A Self-Organizing Model of Walking Patterns of Insects, Biol. Cybernetics vol. **69** (1993) pp. 183-193.
4) S. Kimura, M. Yano & H. Shimizu, A Self-Organizing Model of Walking. Patterns of Insect II. The loading effect and leg amputation, Biol. Cybernetics, vol. **70** (1994) pp. 505-512.
5) M. Yano, K. Akimoto & S. Watanabe, Mechanical Apparatus in Biological Systems; A New Control Mechanism Applied to an Insect Robot., in "Breaking Paradigms; The Seamless Electro-Mechanical Vehicles (1996) pp. 487-491.
6) Kazushi Akimoto, Shigemichi Watanabe and Masafumi Yano, An Insect Robot Controlled by Emergence of Gait Patterns., Artificial Life and Robotics vol. **3** (1999) pp. 102-105, 1, (in press).
7) D. F. Hoyt & C. R. Taylor, Gait and the Energetics of Locomotion in Horses. Nature vol. **292** (1981) pp. 239-240

第3章 4足ロボットのダイナミックスと制御

3.1 歩容の基本

3.1.1 クロール歩容とトロット歩容

我々の回りの自然界を観察していると，4足動物の歩き方は色々なバリエーションが存在することがわかる．例えば，馬はゆっくり歩くときと速く走るときではかなり様子が違う．しかし現在の技術で作られるロボットは馬のようなスピードはでない．そこで，もっとゆっくり歩く動物に注目して見よう．4足動物の中で最もゆっくりした歩行を見せるのはカメである．カメは左前，右後，右前，左後の順序で足を上げて前方に出している．このように空中に上げている脚を遊脚と呼ぶ．カメは4回の遊脚を1周期として，ちょうど4拍子の曲に合わせているかのように歩行を繰り返している．このときの各脚の着地の時刻を1周期を1として表すと図3.1(a)のようになる．この着地タイミングを表す数字を各脚の相対位相と呼ぶ．さて，さらに詳しく

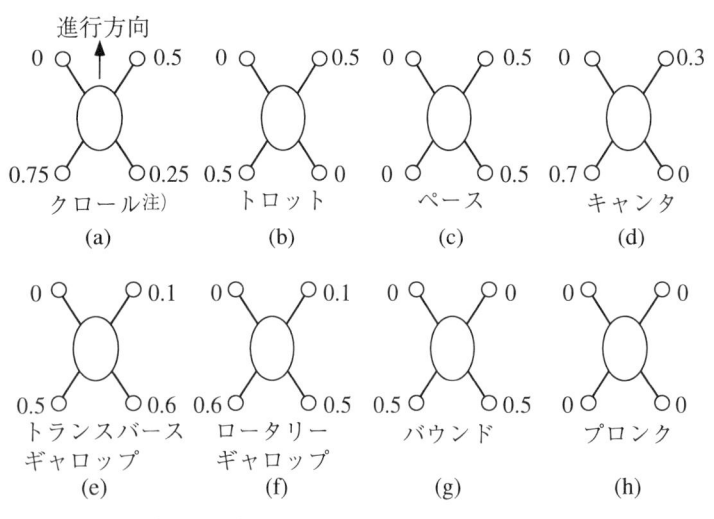

図3.1 各種4足歩容における脚の着地タイミング(相対位相)
注)デューティ比0.75以外の一般の場合はアンブルと呼ばれる

見るとカメは常に1脚のみを遊脚化していることがわかる．すなわち，必ず現在の遊脚を着地させてから次の脚を上げている．例えば，位相ゼロで着地した左前脚に続いてすぐに右後脚を遊脚化する．すると，右後脚は位相ゼロから 0.25 までの間遊脚となり，0.25 から 1 までが地面に接した支持脚となる．ここで，1周期中の支持脚期間の割合をデューティ比と呼ぶ．上記の例ではデューティ比が 0.75 となる．これは歩行中の平均支持脚数が 4 本 (全脚数)×0.75=3 本であることも表している．通常の各脚 1 回の遊脚化で 1 周期となるような歩き方において，足を上げる順序や上げ下げのタイミングはすべて前述の相対位相と，このデューティ比によって特定することができる．このような足を上げる順序やタイミングを「歩容」と呼ぶ．上記のカメの歩容は「クロール歩容」と呼ばれる．

もっと速い歩容をさがしてみよう．トカゲはカメより少し速い．特に大型で体長 3 メートル，体重 100 キロを越すコモドドラゴンは，獲物をつかまえるために時速 20 キロもの速さをだすことができる．このときの歩容は，カメと違って 2 本の足が同時に遊脚化している．よく見ると図 3.1(b) のように対角線上の 2 脚の相対位相は同じで，ちょうど 2 拍子の歩き方になっている．これを「トロット歩容」と呼ぶ．ワニも同様の歩容である．一方，馬はゆっくり歩くときにはパッカパッカという変形 2 拍子調で歩く．これは，先ほどのクロール歩容と同じ相対位相であるが，デューティ比が 0.75 より小さく，アンブル歩容と呼ばれる．それが少し速足になるとカッ，カッ，と完全な 2 拍子になる．これがトロット歩容である．このほかにも図 3.1 のようなさまざまな歩容が分類されている[1]．馬はさらに高速になると，キャンタ，ギャロップと歩容を変えてゆく．また，馬車を引くなどの負荷があるときにはペース歩容をとることが知られている．

さて，トカゲの歩容は本当にカメの歩容より速いであろうか．単に足を振りだす速度が速いだけではないだろうか．そこでここでは，足の振り速度ではなく，歩容に依存する歩行速度の違いを見いだすため，胴体から見た遊脚の平均前方振りだし速度を一定の値として，歩容による前方進行速度の違いを算出してみる．クロール歩容ではデューティ比が 0.75 であったが，2 拍子で歩くトロット歩容のデューティ比は 0.5 である．一周期の時間を T,

前述のデューティ比を β，胴体の対地進行速度を V，胴体から見た相対的な遊脚の平均速度を U とすると，遊脚時間は $(1-\beta)$T であり，遊脚振りだしの歩幅 λ は $(1-\beta)$T $(U+V)$ となる．一周期中の胴体の移動量は一歩の歩幅に等しいから，$\lambda = VT$ と表せる．これより，歩行速度は，

$$V = \frac{1-\beta}{\beta} U \tag{3.1}$$

と表すことができる．$\beta = 0.75$ のクロール歩容では V=0.33U であるが，$\beta = 0.5$ のトロット歩容では V=U となり，3倍も速いことがわかる．このようにデューティ比が小さい歩容ほど高速な歩行に適しているということができる．なお，上記の関係は一般には $\beta \geq 0.5$ で用いられる．それ以下のデューティ比では，胴体に対する支持脚の速度が遊脚速度より大きくなり，歩行速度は支持脚をどれほど速く後ろに蹴りだすかで決まってくる．

3.1.2 ウェーブ歩容

前項のクロール歩容とトロット歩容は，実はどちらもウェーブ歩容と呼ばれるカテゴリーの歩容である．ウェーブ歩容とは一般に左右対称の 2n 本足の歩行において，脚の上下動作が後脚から前脚に向かって進む歩容で，後脚の着地と同時に前脚を遊脚化する．また，対になる左右の脚の位相差は 0.5 である．クロール歩容はデューティ比が 0.75 のウェーブ歩容であり，トロット歩容はデューティ比が 0.5 のウェーブ歩容であることがわかる．すると，これらの中間のデューティ比を持つウェーブ歩容もあると思われるであろう．これを歩容線図を用いて考えることにする．図 3.2 はクロール歩容の歩容線図である．横軸が時間で 1 サイクルの時間で規格化している．各脚の

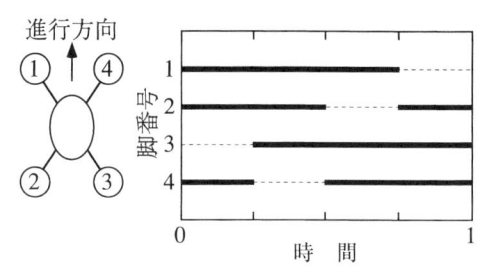

図 3.2 クロール歩容の歩容線図

実線のある部分が接地している支持期間で，破線部が遊脚期間である．一方，トロット歩容の歩容線図は図3.3のように表せる．この二つを図3.4のように各脚ごとに上下に並べて表すと，この二つの歩容の差がはっきりする．そして，図の網かけ部分のように二つの歩容をつなげることにより，中間のデューティ比の歩容を作ることができる．さらにこれをデューティ比の大きい側に延長すれば，クロール歩容，トロット歩容を含む拡張された歩容概念とすることができる．これを拡張トロット歩容と呼ぶ．先ほどの(3.1)式によれば，デューティ比によって歩容の高速性が大きく変化するので，この歩容では，低速の場合にはデューティ比を大きく，高速の場合には小さくすることによって速度変化に対応することができる．

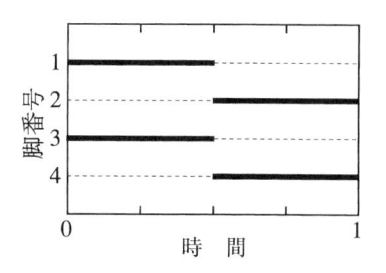

図3.3 トロット歩容の歩容線図

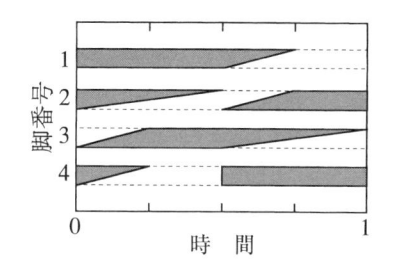

図3.4 クロール歩容とトロット歩容の融合

3.1.3 間欠トロット歩容

デューティ比0.5のトロット歩容を基準として，デューティ比がより大きく，0.5～1の歩容の一つとして，各脚の相対位相はトロット歩容と全く同じで，デューティ比のみを変化させた歩容が考えられる．すなわち，対になる対角線上の脚は常に同時に上下させ，その遊脚時間がデューティ比に応じて短くなるという歩容である．歩容線図は図3.5で表される．2対の脚間の位相差は0.5で変わらず，トロット歩容の2拍子のリズムを間欠的に行なうものとなるため，これを「間欠トロット歩容」と呼ぶ．この歩容は後の節で述べるように制御がしやすいという利点がある．

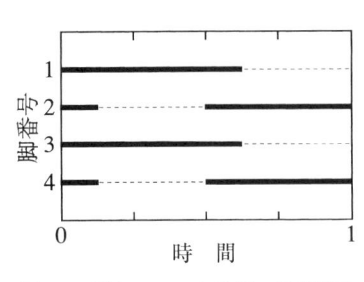

図 3.5　間欠トロット歩容の歩容線図

コーヒーブレイク

学生：靴は一人分二つで一足だから，4足歩行ロボットはおかしいのでは？
先生：では言葉を改めて，4脚歩行ロボットとしよう．
学生：でも椅子は一脚で足が4本ですよ．・・・

3.2　動的安定性とゼロモーメントポイント

3.2.1　静歩行と動歩行

　動物や機械が3本以上の脚で支持されている場合は，図3.6のように，その接地点を結んだ多角形の中に全体の重心の投影点が存在すれば，ひっくり返らずに立っていられることは容易に想像できるであろう．カメのクロール歩容のように常に3本以上の支持脚を持つ歩容においては，このことが歩行の安定性を判定する指標となる．これを静的安定性と呼び，静的安定性

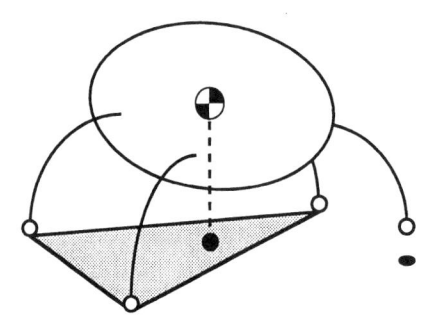

図 3.6　3点支持の静的安定領域

を保った歩容を「静歩行」と呼ぶ．このとき，重心投影点から最も近い多角形の辺までの距離を安定余裕と呼ぶ．また，特に前後方向だけに注目し，進行方向に沿って計った辺までの距離を縦安定余裕と呼ぶ．前述のウェーブ歩容は，一般に脚が左右1列ずつに等間隔で並んだ2n脚の歩行において，一定デューティ比の歩容中で最大の縦安定余裕を持つことが知られている[2]．

　これに対し，トカゲのトロット歩容では，歩行中の各瞬間においては，2本の足しか接地していない．足の裏の面積を考慮すると，図3.7のように2脚の足裏をつないだ幅のある領域（支持領域）に重心投影点があることが静的安定の条件となる．しかし，トカゲは必ずしもこの領域に重心を保っていない．同様に人間の歩行においても，片足支持の期間中，重心を支持脚の足の

裏の領域上に保ってはいない．このように静的に不安定であるにもかかわらず歩行を安定して続けられるのは動的効果(ダイナミックス)のおかげである．動的効果は質量のある物体の加速，減速には力が必要であることから生まれるものである．我々が台の縁

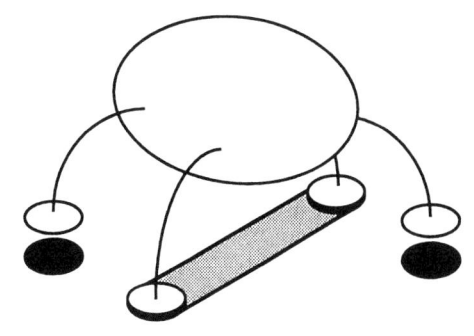

図3.7　足裏面積のある2脚支持の静的安定領域

などから前に倒れそうなときに，腕を上から前の方向に回転させて持ちこたえようとするのは，この動的効果を利用したものである．このような動的効果を利用して安定性を得ている歩行を「動歩行」と呼ぶ．先程の静歩行はどんなにゆっくり歩いても安定性は保たれるのに対し，この動歩行には適度な速さが必要である．

3.2.2 動的安定性

ふだん何気なく動歩行をしている我々人間は，どのようにして動的安定性を生みだしているのであろうか．歩行に直接関係する脚の運動は別として，それ以外の動きに注目しよう．歩行中，人間はからだ全体を左右に揺動させている．そして，腕を振っている．また，他の動物では，犬や猫がしっぽを振る動作や，ニワトリやハトが頭を前後に揺らす動作などは，一見歩行とは無関係であるが，すべて動的安定性に関係している．

さて，歩行が動的に安定であることの定義は，広く解釈すれば，歩行不可能な状態に陥らず，歩行継続ができればよいと考えることもできる．しかしここでは，計画した歩行運動がそのまま乱れることなく実施できるとき，その運動計画は動的安定性を持つと呼ぶこととする．そこでまず，この運動計画の実現条件とはどのようなものであるかを明らかにしておく．歩行ロボット全体の運動方程式を記述するとき，歩行ロボットに働く力は重力，床からの力，接地点以外の各部に直接働く外力である．すなわち，歩行ロボットの各部の加減速に必要な力とモーメントの合計を F_a，M_a とし，各部に働く重力を合計した力とモーメントを F_G，M_G，接地点以外の各部に直接働く外

力の合計を F_0, M_0 とすると，床から得るべき力とモーメントは，

$$\bar{F} = F_a - F_G - F_0 \tag{3.2}$$

$$\bar{M} = M_a - M_G - M_0 \tag{3.3}$$

と表せる．ここで，座標系は慣性座標系であれば，原点の位置などは任意に設定できる．ただし，以降の計算に統一して用いるのものとする．そして，$\bar{F}$ は設定した座標の原点に働くべき力であり，$\bar{M}$ は原点回りのモーメントである．一方，実際に足先が床から受ける力は，

$$F = \sum F_j \tag{3.4}$$

$$M = \sum p_j \times F_j \tag{3.5}$$

と表せる．ここで p_j は足先の接地点の座標である．ここでは面状の接触も点接触の集合として扱う．F_j は各接地点で受ける床からの力である．このとき，F_j を垂直抗力 N_j と摩擦力 f_j とに分離して考えると，垂直抗力が床面から空中に向かう方向であるという条件として，

$$N_j \cdot n_j > 0 \quad (n_j \text{ は接地面から空中に向かう法線ベクトル}) \tag{3.6}$$

また，摩擦力が限界以内である条件として，

$$\frac{|f_j|}{|N_j|} \leq \mu_j \tag{3.7}$$

という制約がある．μ_j は各接地点での静止摩擦係数である．そして先ほど算出した，運動に必要な力とモーメントが実際に床からの力として得られること，すなわち，

$$\bar{F} = F, \quad \bar{M} = M \tag{3.8}$$

が実現できることが計画通りの運動が可能になる条件である．これはn点接地の場合，未知数は各点での3次元の並進力の3n個に対して方程式が3次元の力とモーメントのバランスの6個で，さらに(3.6)(3.7)のような不等式の制約条件がついている問題となり，運動の安定性を判定することは，この問題の解の存在を判定することに帰着する．

以上の議論はどのような地形にも適用できる一般的なものである．例えば壁面を移動するロボットにも適用できる．(3.2)(3.3)式において，各脚を壁に押しつける外力という形で吸着力を付加すればよい．さらに一般的にはマニピュレータハンドによる把持の安定性と全く同じ問題であり，これについ

てはすでに多くの研究がなされている．しかし，これを一般的に解決することは難解な場合が多い．このため，歩行ロボットの制御では，特有の簡便な安定性評価法が提案されている．その一例が次項に示すゼロモーメントポイントである．

3.2.3 ゼロモーメントポイント

ゼロモーメントポイント(ZMP)は文献3)で提唱されているが，ひとことでいえば運動中に床から受ける力の中心のようなものである．図3.8のように足の裏に働く床反力(接地力)が分布している場合，これらを合わせて，原点 o に働く一つの並進力ベクトル F と回転モーメント M で表すことができる．ここで，F の作用点を F' の位置に水平移動させると，F' は並進力であると同時に原点 o まわりのモーメントとしても働くようになる．そして，ある位置を作用点にすると，ちょうど F' の発生するモーメントが M に等しく

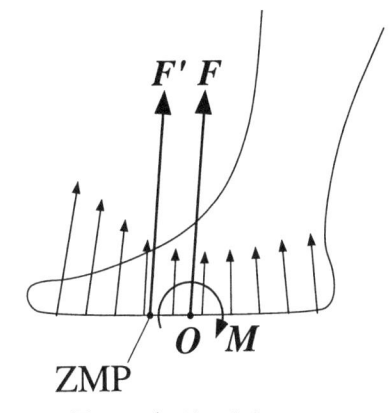

図3.8 床反力の分布と ZMP

なる点が床面上に存在する．この点が ZMP である．すなわち，分布している床反力群は ZMP を作用点とする一つの並進力で置き換えられる．一般の3次元では，床反力モーメントの水平成分がゼロになる点が ZMP である．この ZMP は実際の床からの力を計測すれば求めることができる．その存在範囲は一脚支持ならば足裏の範囲内，2脚以上なら図3.7のような支持領域に限定されることは，このあと数学的にも明らかにするが，容易に想像できることであろう．

一方，上記のような実際の床反力の合計から得られる ZMP とは別に，歩行ロボット各部の運動から，計算によって ZMP を算出することもできる．簡単な具体例として，歩行ロボットが質量 M の一つの剛体とみなせ，回転運動のない場合について考える．混乱の無いように考察はすべて床面に固定した慣性座標系で行なうこととする．図3.9のように前方に加速度 a で加

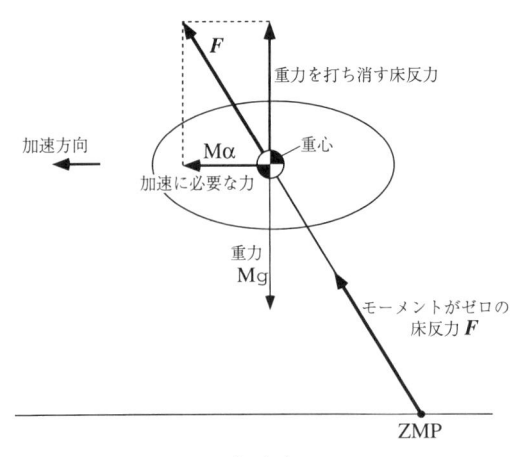

図中ラベル: F, $M\alpha$, 加速方向, 重力を打ち消す床反力, 重心, 加速に必要な力, 重力 Mg, モーメントがゼロの床反力 F, ZMP

図 3.9　加速時の ZMP

速する運動に必要な力は $M\alpha$ である．(慣性座標系であるのでこれは慣性力ではない．慣性力とは非慣性座標系で運動方程式を作るときに用いる補正項である．)すなわち所定の加速度運動を実現するためには外力としてこの $M\alpha$ の力が必要である．歩行ロボットには床反力のほかに重力 Mg が加わっているから，これらをすべて合計した力が $M\alpha$ でなければならない．つまり，重力を打ち消す力＋$M\alpha$(＝図の F)を床から受けなくてはならない．力ベクトルはそのベクトルの延長線上に平行移動しても全く等価であるから，重心の位置に作用するこの力ベクトル F を延長して床面と交わった点が床からの反力をモーメント無しで発生できる点，すなわち ZMP である．もし，この点に足がついていれば，例えそれが点接地の一本足でモーメントを発生できなくても，所定の加速度 α を実現することができる．これが，いわば計画上の ZMP というもので，その存在範囲は運動の計画如何によって制限なく，床面上のどこにでも存在し得る．しかし，実際の ZMP の存在範囲は支持領域に限定されることから，計画上の ZMP が支持領域外にある場合，その計画は実行不可能であるということができる．この ZMP の概念は[4]のように２足歩行ロボットの制御にも用いられている．

　次に，一般の多体から構成されるロボットの場合の計算方法を示す．ここでは，(3.2)(3.3)式を用いて要求される床反力を求めることになる．加減速

に必要な力 $\bm{F}_a$ とモーメント $\bm{M}_a$ は機械の各部が互いに力を及ぼしあうことなく独立して存在すると考え，各部の運動(加減速)に必要な力と偶力モーメントを算出する．簡単な例として，歩行ロボットがいくつかの質点の集合でモデル化された場合には，

$$\bm{F}_a = \sum m_i \ddot{\bm{r}}_i \qquad m_i：各質点の質量 \qquad (3.9)$$

$$\bm{M}_a = \sum m_i \bm{r}_i \times \ddot{\bm{r}}_i \qquad \bm{r}_i：各質点の位置ベクトル \qquad (3.10)$$

となる．剛体でモデル化した場合には，これに剛体重心回りの回転運動のモーメントが加わることになり，慣性テンソルを用いて計算することができる．また，重力は各部分ごとのものを積算し，

$$\bm{F}_G = \sum m_i \bm{g} \qquad (3.11)$$

$$\bm{M}_G = \sum m_i \bm{r}_i \times \bm{g} \qquad \bm{g}：重力加速度ベクトル \qquad (3.12)$$

となる．接地点以外に直接働く外力があればこれも同様に積算し，$\bm{F}_0$，$\bm{M}_0$ とする．これらを(3.2)(3.3)式に代入して求めた $\bar{\bm{F}}$ および $\bar{\bm{M}}$ が歩行ロボットの運動に必要な床反力となる．この力の作用点を移動してモーメントの水平成分をゼロにできる点が計算上の ZMP となる．ここでは，座標系の原点をロボット全体の重心，z 軸を鉛直上方にとる．前述の図 3.9 の 1 体問題の場合からも類推されるように，ZMP の位置は，原点まわりに必要な床反力モーメントの水平成分を床反力の鉛直成分で除したものとなる．具体的な計算の方法としては，この例のように歩行ロボットが質点系でモデル化され，重力と床反力以外には外力がない場合，ZMP の座標は次のように計算できる．

$$ZMP_x = -\frac{\bar{M}_y}{\bar{F}_z} = \frac{\sum_{i=1}^{n} m_i(\ddot{r}_{iz} + g) r_{ix} - \sum_{i=1}^{n} m_i \ddot{r}_{ix} r_{iz}}{\sum_{i=1}^{n} m_i(\ddot{r}_{iz} + g)} \qquad (3.13)$$

$$ZMP_y = -\frac{\bar{M}_x}{\bar{F}_z} = \frac{\sum_{i=1}^{n} m_i(\ddot{r}_{iz} + g) r_{iy} - \sum_{i=1}^{n} m_i \ddot{r}_{iy} r_{iz}}{\sum_{i=1}^{n} m_i(\ddot{r}_{iz} + g)} \qquad (3.14)$$

ZMP が支持領域に存在することと動的安定性を持つことが等価であることは以下のように説明することができる．前項と同様に，実際に床から受けている反力の合計を並進力 $\bm{F}$，および原点まわりのモーメント $\bm{M}$ とする．

F の作用点は原点であるが，これを平行移動させて作用点を Q 点(位置ベクトル q)とすれば，F は並進力であると同時に $M'=q\times F$ の原点まわりのモーメントをもつ．これを M に等しくすることができれば，原点に働く F と M のペアは，Q 点に働く F のみで代替させることができ，モーメントのすべての成分をゼロにできる．このとき Q 点はいわば真のゼロモーメントポイントである．しかし，上の外積計算から明らかなように，M' は F と直交する方向に限られるため，一般には M と M' は一致させることはできない．すなわち，真のゼロモーメントポイントは存在しない．そこで，分布している床からの反力を垂直抗力 N_j と摩擦力 f_j に分けて記述し，

$$F=\sum N_j+\sum f_j \tag{3.15}$$

$$M=\sum p_j\times N_j+\sum p_j\times f_j \tag{3.16}$$

と表す．ここで p_j は足先の接地点の座標である．上記のように並進力の作用点を原点から Q 点に平行移動させたときに新たに生ずるモーメントは，

$$M'=q\times\sum N_j+q\times\sum f_j \tag{3.17}$$

となる．ここで，ZMP の概念を導入するため，複数の着地点がすべて一つの水平面内にある場合に限定する．すなわち，N は鉛直方向，f は水平面内のベクトルとなる．そして原点，Q 点共にその水平面内にとれば，(3.16) (3.17)式はともに右辺第 1 項が N に垂直な水平面内のベクトル，右辺第 2 項が g と f に垂直な鉛直方向のベクトルである．よって M と M' の水平面内の成分が等しくなる条件は，

$$\sum p_j\times N_j=q\times\sum N_j \tag{3.18}$$

となる．この式を満たす位置ベクトル g を持つ点 Q が ZMP である．ここで，(3.18)式を変形すると，

$$\sum p_j\times N_j=\sum(N_{jz}p_j\times k)=\sum(N_{jz}p_j\times k)$$
$$=\frac{\sum N_{jz}p_j}{\sum N_{jz}}\times\sum N_{jz}k=\frac{\sum N_{jz}p_j}{\sum N_{jz}}\times\sum N_j$$

(k は z 方向の単位ベクトル，N_{jz} は N_j の z 方向成分) (3.19)

である．ここで，位置ベクトル

$$\frac{\sum N_{jz}p_j}{\sum N_{jz}} \quad (N_{jz}>0)$$

は各接地点(位置ベクトル p_j)を頂点とする多角形の内部の点を表している．これは2点間を内分する点の位置ベクトルの公式を多点に拡張したものである．そして(3.19)式最右辺と(3.18)式の右辺を比較すれば，Q点すなわちZMPが多角形の内部にあることが $N_{jz}>0$ すなわち，すべての接地点での床反力の鉛直成分が上向きであり足が床から浮き上がらないための必要十分条件であることがわかる．つまり，ZMPが接地点をむすんだ多角形内にあれば足の浮き上がりを生じない．さて，先ほどゼロにすることを断念した M の鉛直方向の成分である(3.16)式の右辺第2項はどうやって発生できるであろうか．さらに，F の平行移動により新たに発生する鉛直方向のモーメントである(3.17)式右辺第2項はどうやって相殺できるであろうか．これらはいずれも，各点に働く摩擦力 f_j の増減によって実現できるものと考える．ここでは摩擦力は垂直抗力に比較して小さく，摩擦係数 μ による制約である(3.7)式は無視できるとする．すなわち，摩擦力は任意に発生できることを条件とすれば，鉛直方向のモーメントは歩行の安定性には影響しない．

なお，著者らの[5]には，これをさらに発展させて，水平床面以外にも適用できる安定性の概念を導入している．

以上のことから，歩行ロボットが安定して計画を実行できる条件，すなわち，各部の運動計画から要求される床反力 $\bar{F}$ とモーメント $\bar{M}$ が実際の接地力として得られるための条件は，$\bar{M}$ の水平成分を代替できる $\bar{F}$ の水平床面上の作用点Q(計画上のZMP)が接地点を結ぶ多角形の内部にあることである．つまり，動歩行を行なう際には，このZMPが常に足裏の支持領域内に収まるように運動を計画すればよいことがわかる．

コーヒーブレイク

学生：よくわかりました．短距離走のスタートのように加速するときはZMPが前よりになる姿勢をとるわけですね．

先生：君はまだわかっていない．加速時の重心は前方にあるが，ZMPはあくまでも足の裏の支持領域内にある．もう一度，図3.9からやり直しなさい．

3.3 動歩行の軌道計画

　歩行ロボットの動的制御を行なう場合，制御工学の例題としてよくでてくる倒立振子のように，フィードバック制御のみで安定性を得る方法も考えられる．この場合は無限に線形性が続く，すなわち出力制限のない理想的なアクチュエータを想定している．しかし，実際には歩行ロボットの大きさに対してアクチュエータの出力が十分な大きさを持っていないことが多いため，ある程度以上倒れそうになると脚の加速度や速度が足りず，回復不可能になる可能性が大きい．そこで，あらかじめ動力学計算を行ない，前節で述べたような動的安定性のある運動を計画することが有効である．このようにあらかじめ安定性のある運動をフィードフォワード的に与えておけば，残ったモデル化誤差，軌道追従誤差，外乱などによる不安定性については次節で述べるような比較的小出力のフィードバック制御により補償できる．また，この方法では歩行ロボットの多くの自由度のうち，脚先の位置，胴体の高さなど，いくつかの自由度の運動はあらかじめ設定した後，残りの自由度の運動を利用して安定性を確保することができる．例えば，しっぽのある動物は胴体を揺らさずにしっぽの運動で安定性を保つことができる．ロボットにおいても，胴体の上下動，回転といった物資搬送に適さない運動は起こさないようにあらかじめ設定することが可能であり，ロボットをよりスムーズに歩行させることができる．

3.3.1 水平揺動歩行の導入

　動的効果を利用して安定性を維持する，すなわちZMPが常に支持領域に入るようにするには，人間が体を揺らす運動，手を振る運動，動物がしっぽを振る運動，鳥が頭を前後に揺らす運動などのように歩行のリズムに合わせた周期的な運動が必要となる．本章で扱う4足歩行ロボットは，腕も頭もしっぽもないため，動的安定性を生みだす運動は胴体の運動となる．胴体は3方向の並進加速度運動と3軸まわりの角加速度運動のいずれか，あるいはそれらの組み合わせを行なうことができる．これらの運動の中で，胴体上に積載した物資などへの影響を考慮すると，加減速の大きさはできるだけ小さい方がよく，また急激な加速度変化は好ましくない．図3.10のように，重心

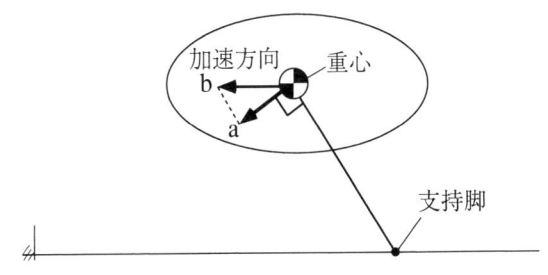

図 3.10　最小加速方向(a)と水平加速方向(b)

の投影点が線状の支持領域から離れているとき，最も小さい加速度でZMPを対角線上に位置させることができるのは，図中 a の方向に加速する場合である．しかし，これは上下の加減速を含むこととなり，乗り心地や積載物資への悪影響のおそれもあり，そして何よりもエネルギの無駄な消費を伴う．動物は脚の筋肉をバネ的に作用させて効率良く上下動を行なうが，現状の機械では難しい．そこで，上下の成分を無くし，図の b の方向，すなわち支持領域の線に垂直な水平面内での加減速を行なうこととする．

次に，4足動歩行のうちデューティ比が 0.5 の基本的な歩容であるトロット，ペース，バウンドについて，必要な加減速の大きさを比較しよう．それぞれの歩容の支持領域は図 3.11 のようになる．また重心は(◑印)図のように，ほぼ中央付近で水平面内の加減速運動を行ないながら前進するものとする．このとき，重心が最も支持領域から近いのはトロット歩容であり，ペース，バウンドの順で遠くなる．このことから，ロボットで実用化できる程度の歩行速度においては，重心の加減速が最も小さくできるトロット歩容が良いことがわかる．

さらに，胴体をスムーズに運動させるため，脚運動の動的効果の胴体への

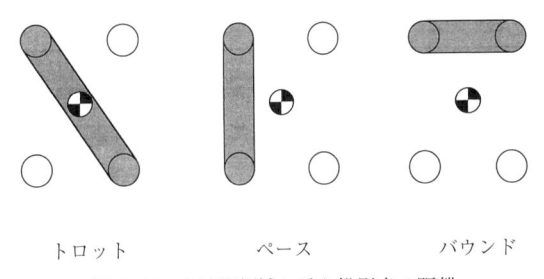

図 3.11　支持脚領域と重心投影点の距離

影響を考察しよう．脚運動は周期的な加減速を繰り返すものであるため，胴体はその反力を受ける．もし，この反力を無視した運動計画を行った場合には，脚運動を高速にすると大きな反力によって胴体に揺動が発生し，バランスを崩すことが考えられる．しかし，仮に脚の動的効果を正確に算出して運動計画を行なったとしても，その結果として得られる胴体運動計画は，脚運動の動的効果をキャンセルするための揺動を行なうものとなり，基本的に振動が残ることに変わりはない．このような胴体の振動的な運動を小さくするためには，脚運動の動的効果そのものを小さくする必要がある．このような観点から考えると，3.1.3節で紹介した間欠トロット歩容は，デューティ比によらず，常に重心に対して互いに反対側にある2本の脚を同時に上下させるため，脚運動の動的効果をほぼキャンセルできると考えられる．図3.12に同じ移動速度の拡張トロットと間欠トロットとで脚運動の動的効果で胴体に生じるモーメントにどれだけ差があるかを計算した例を示す．なお，ここには，ペース，バウンドに4脚支持期間を付加した，いわば間欠ペース，間欠バウンドと呼ぶべき歩容ついての結果も示した．いずれも1歩1.5秒でデューティ比が0.625，その他のパラメータは後述する本研究グループのロボット，タイタン6号の値である．対角2脚のタイミングの揃った間欠トロット歩容は，他の歩容よりずっと動的効果を小さくできていることがわかる．このことから，間欠トロット歩容はスムーズな胴体運動を実現するために有効であることがわかる．

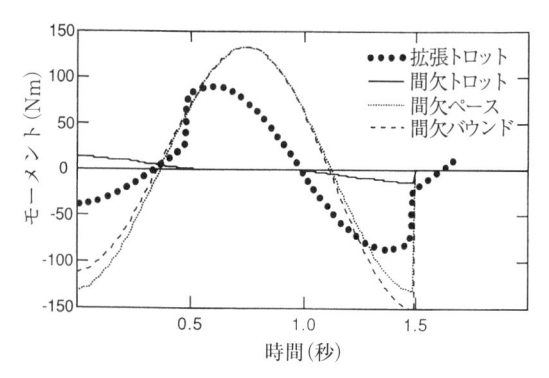

図3.12 脚運動の動的効果が胴体におよぼすモーメントの比較

一方，歩容計画の面でも間欠トロット歩容は有利である．これは後述するように，間欠トロット歩容では対になる2脚の着地点を同時に扱うことができるためである．また，安全性の面でも間欠トロット歩容は優れている．歩行ロボットを実用的なものにするためには，実験室のような理想環境での安定性だけではなく，凹凸や外力などの未知の外乱があるような環境下での歩行継続能力が必要である．そして，何らかの要因で歩行中にバランスを崩した非常事態においても，現在遊脚中の脚を着地させることによって完全転倒を回避できることが望ましい．間欠トロット歩容は，2脚支持期には，その2点を結ぶ直線に対してどちらの側にバランスを崩した場合にも転倒を防止する遊脚があり，この安全な歩容と考えられる．以上ようなの理由により，間欠トロット歩容は高速な4足歩行ロボットのために最適な歩容であると考え，次節以降にその運動計画法を紹介する．

なお，著者らは，低速歩行時の安定性に優れた拡張トロット歩容についても，デューティ比が0.75より小さく，2脚支持期間のある場合に動的安定性を保つために胴体の揺動を行なう運動計画法を開発しており文献6)に示している．

3.3.2 リアルタイム指令による全方向移動に対応した着地点決定

次に，間欠トロット歩容による動歩行の動的安定性を持った運動計画法を具体的に述べてゆく．これは，直進のみでなく，全方向への自由な並進と鉛直軸回りの回転をオペレータの指令にしたがってリアルタイムで計画できるという実用性の高いものである．運動計画は足先と胴体とに分けて行なう．初めに足先の着地点を決定する．これは，リアルタイムの速度指令によって算出し，さらに地形情報が既知である場合にはそれによる修正を行なう．次にその着地点に至るまでの遊脚中の滑らかな足先運動を計画する．一方，2脚支持期間中の胴体運動は二つの接地点を結んだ直線を足底とする1本の仮想的な脚(以降「仮想線接地脚」と呼ぶ)で支持されたものとし，その動的安定性を保つ運動計画を行なう．そして最後に，このようにして求められた脚と胴体の運動計画から各関節の運動を算出し，制御を行なう．

間欠トロット歩容では，常に対角の2脚を同時に運動させるので，上述のような仮想線接地脚の概念を導入することにより，着地点決定の手順を単純

化できる.図3.13のように,この仮想線接地脚の位置は二つの支持脚接地点の中点で表し,方向は正方形あるいは長方形状の基準となる脚配置において前方向になるように仮想線接地脚に対して一定の角度をなすベクトルの方向で表すことにする.対角2脚の間隔が一定であるとすれば,この仮想線

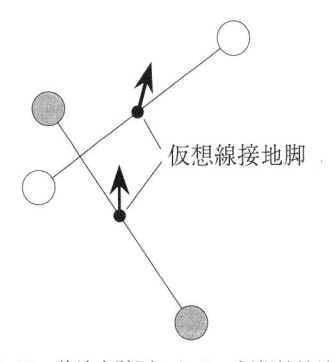

図3.13 着地点計画のための仮想線接地脚

接地脚の位置,方向により,2脚の着地点が一意に求められる.そこで,以下ではこの仮想線接地脚の位置,方向の決定法を述べる.オペレータから与えられる移動の指令は,並進速度ベクトル $\dot{\boldsymbol{x}}_c$ の2方向の成分と回転角速度 $\dot{\theta}_c$ の三つとする.この値は,オペレータ等からの指令をできるだけリアルタイムで反映させるため,それぞれの脚を上げる直前,すなわち1歩の最初で与えることにする.しかしこのとき,例えば,一方の仮想線接地脚を動かすときには前進,もう一方の仮想線接地脚を動かすときには後進という指令値を繰返し与えると,一方の着地点は前に,もう一方は後に移動して行き,脚の間隔が無制限に広がってしまう.この問題を回避するため,以下のような方法を導入する.与えられた指令から,遊脚となる仮想線接地脚の現在位置(遊脚開始位置)を基準に次の着地点への距離,方向を算出するのではなく,もう一方の仮想線接地脚(支持脚)を基準として着地位置を算出する.具体的な着地点の決定計算は,次のように行なう.

$$\boldsymbol{x}_1 = \boldsymbol{x}_2 + \boldsymbol{R}^{-\theta_1} \dot{\boldsymbol{x}}_c T_u \tag{3.20}$$

$$\theta_1 = \theta_2 + \dot{\theta}_c T_u \tag{3.21}$$

ただし, $\boldsymbol{x}_1$, θ_1 は次の着地点の絶対座標系での位置ベクトルと方向, $\boldsymbol{x}_2$, θ_2 は同じ座標系上の支持脚となる仮想線接地脚の位置ベクトルと方向, T_u は遊脚時間, $\boldsymbol{R}$ は回転変換の行列[7]である.これによってそれぞれの仮想線接地脚に基準脚配置への収束性を持たせることができる.このとき,遊脚開始位置は考慮しないため,結果として生成される遊脚の運動方向は必ずしも歩行ロボット全体の運動方向と一致しないが,これによって歩行ロボット全体

の脚配置を適切にすることができ，後述の胴体運動計画においても無理のない軌道が生成される．特に静止時には必ず基準脚配置とすることができ，作業等に適した安定性の高い静止姿勢を得ることができる．また，この方法においても，速度と方向の指令が一定の場合には，遊脚開始位置を基準にした方法と全く同じ結果となる．

以上のようにして着地位置が決まったら，そこに至るまでの遊脚中の運動については，その脚運動が胴体に与える動的効果ができるだけ少ないスムーズな軌道を計画する．ここでは，遊脚を始める時点と接地時点での足先の絶対座標位置は与えられているとする．遊脚期の時間 T_s，遊脚の最大振り上げ高さ H^* も指令されているとする．また，遊脚が上下方向(z 軸方向)および水平方向(x，y 軸方向)にだし得る最大加減速度が機構的条件から規定され，それぞれ a_{Lz}, a_{Lx} であるとする．さらに，最大振り上げ高さ H^* は，障害物回避特性を向上するため遊脚中できるだけ長時間保持することにする．そして，遊脚開始時(以下 up 相と呼ぶ)および終了時(以下 down 相と呼ぶ)においては図 3.14 のように脚を地面に対して垂直に運動させる期間を設ける．これは，不必要な地面との滑り運動を防止するとともに，外乱により着地のタイミングが多少前後しても着地位置が大きく変化しないようにするためである．この垂直移動距離は up 相で H_u，down 相で H_d とする．また，down 相を開始する高さは図 3.14 に示すように接地推定高さより $H_d/2$ 高い位置であるとする．これは，接地推定高さの上下に各々高さ $H_d/2$ の垂直上下動部分を設けることにより，地表の最大高さ $H_d/2$ の予知できなかった凹凸を吸収するためものである．ただし，この上下運動期間中は常にセンサ

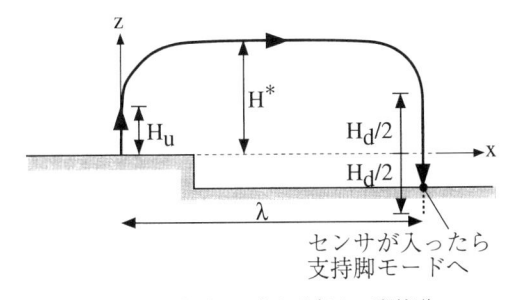

図 3.14 地形の凹凸を吸収する脚軌道

で足先の状態を計測し，接地したら瞬時に z 方向制御は支持脚モードに切り換えるものとする．

これらの前提の基に遊脚軌道は以下のように生成する．

まず，図 3.15 のように z 軸(鉛直)方向および x, y 軸(水平)方向それぞれについて速度線図を設定する．ここで，z 軸方向には，高さ H^* まで脚を最短時間で上昇させるため，時刻 t_{z2} までの間に最大加速および最大減速運動を同一時間 ($t_{z2}-t_{z1}=t_{z1}$) 行なう．下降時は時刻 t_{z3} から時刻 T_s まで最大加速および最大減速の運動を同じく同一の時間 ($T_s-t_{z4}=t_{z4}-t_{z3}$) 実施し，$H^*+H_u/2$ の距離降下させる．

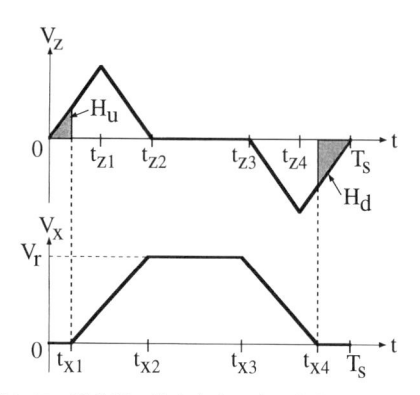

図 3.15 脚軌道の鉛直方向と水平方向の速度線図

x 軸方向は，最大加速，等速(速度 V_r)，最大減速という順の運動を行なうとする．復帰速度 V_r は全復帰距離が二つの着地点間距離 λ_x, λ_y と一致するように決定する．ここで，復帰運動の開始時刻 t_{x1} は z 方向の軌道計画で足先高さが H_u となる時刻，終了時刻 t_{x4} は足先高さが $H_d/2$ となる時刻である．

このような軌道計画を行なうときの具体的な指令値は，z 方向については以下のようになる．

$$t_{z1}=\sqrt{\frac{H^*}{\alpha_{LZ}}} \tag{3.22}$$

$$t_{z2}=2t_{z1} \tag{3.23}$$

$$t_{z3}=T_s-2\sqrt{\frac{H^*+H_d/2}{\alpha_{LZ}}} \tag{3.24}$$

$$t_{z4}=T_s-\sqrt{\frac{H^*+H_d/2}{\alpha_{LZ}}} \tag{3.25}$$

$$V_z(t) = \begin{cases} a_z t & (0 \leq t < t_{z1}) \\ a_z(t_{z2} - t) & (t_{z1} \leq t < t_{z2}) \\ 0 & (t_{z2} \leq t < t_{z3}) \\ -a_z(t - t_{z3}) & (t_{z3} \leq t < t_{z4}) \\ -a_z(T_s - t) & (t_{z4} \leq t < T_s) \end{cases} \quad (3.26)$$

また，x 方向については以下のようになる．

$$t_{x1} = \sqrt{\frac{2H_u}{a_{LZ}}} \quad (3.27)$$

$$t_{x4} = T_s - \sqrt{\frac{2H_d}{a_{LZ}}} \quad (3.28)$$

$$t_{x2} = t_{x1} + \frac{1}{2}(t_{x4} - t_{x1}) - \sqrt{(t_{x4} - t_{x1})^2 - 4\lambda_x/a_{Lx}} \quad (3.29)$$

$$t_{x3} = t_{x4} - \frac{1}{2}(t_{x4} - t_{x1}) - \sqrt{(t_{x4} - t_{x1})^2 - 4\lambda_x/a_{Lx}} \quad (3.30)$$

$$V_x(t) = \begin{cases} 0 & (0 \leq t < t_{x1}) \\ a_x(t - t_{x1}) & (t_{x1} \leq t < t_{x2}) \\ a_x(t_{x2} - t_{x1}) & (t_{x2} \leq t < t_{x3}) \\ a_x(t_{x4} - t) & (t_{x3} \leq t < t_{x4}) \\ 0 & (t_{x4} \leq t < T_s) \end{cases} \quad (3.31)$$

y 方向については，x 方向と全く同様である．図 3.16(a) に絶対座標系から見た足先軌道を示す．そしてこれと胴体重心の運動を合成し，実際に歩行ロボットが生成すべき運動である胴体座標系での軌道の例を図 3.16(b) に示す．

3.3.3 動的安定性を保つための胴体軌道生成

リアルタイム指令による全方向歩行において歩行中の動的バランスを保つため，胴体運動の計画は以下のように行なう．脚の接地位置は上述のように決定されるので，それに従って適切な胴体運動を算出しなければならない．動的安定性のある運動を計画するため，2脚支持中に，その2脚の接地点を結んだ直線(支持脚線)上にZMPが位置するように胴体の加減速運動を計画

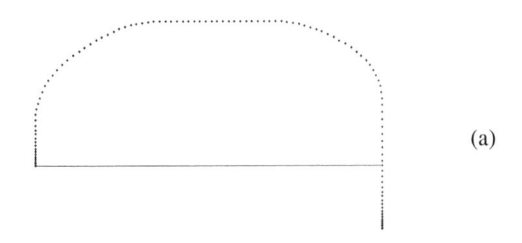

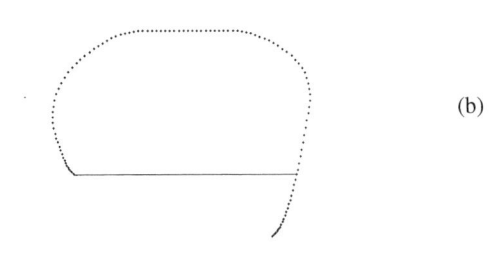

図 3.16 脚軌道の例 (a)絶対座標系 (b)胴体座標系での表示

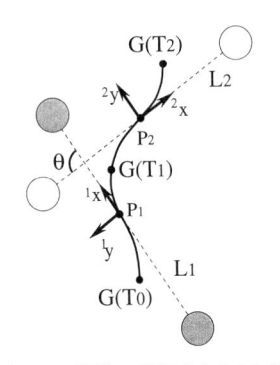

図 3.17 胴体の動揺方向(y)と収束のための調節方向(x)

することとする．この運動計画では，前述のように小さな値である脚運動の動的効果を無視し，胴体運動の動的効果のみを考える．運動計画は図 3.17 のように，支持脚線 L_1, L_2 に沿った方向（^{1}x, ^{2}x 方向）とそれに垂直な方向（^{1}y, ^{2}y 方向）の運動に分離して行なう．まず，準備として，図 3.17 のように二つの接地点の中点 P_1, P_2 を原点とした座標系 Σ_1, Σ_2 を設定し，各時刻における重心位置を表す際，その座標系を左上に（$^1G_x(t)$, $^1G_y(t)$）のように示す．また，時刻は現在の1歩が T_0 から T_1 まで，次の1歩は T_1 から T_2 までとする．また，デューティ比を β とし，現在の一歩中 T_0 から T_s までが2脚支持期間となるように T_s を定める．すなわち，

$$T_s - T_0 = 2(1-\beta)(T_1 - T_0) \tag{3.32}$$

である．さらに，上述の二つの原点 P_1，P_2 を2脚支持時間と4脚支持時間に内分した点を P_s とする．すなわち，

$$P_s = \frac{(T_s - T_0)P_2 + (T_1 - T_s)P_1}{T_1 - T_0} \tag{3.33}$$

とする．

運動計画では，はじめに2脚支持期間中について軌道を生成する．この期間中は，y方向の加減速運動によって，ZMPが支持脚線上に位置するように運動計画を行なう．胴体重心の位置を時間の関数 $G_y(t)$ で表す．ZMPのy座標 $ZMP_y(t)$ は，図3.9のように考えると，重心の地面への投影点から重心高さ×(加速に必要な力/重力)だけずれることから，次のようになる．

$$ZMP_y(t) = G_y(t) - \frac{H}{g}\ddot{G}_y(t) \tag{3.34}$$

　　　　g：重力加速度，H：重心高さ

ZMPが支持脚線上に位置するためには $ZMP_y(t)=0$ でなければならない．このような $G_y(t)$ は，(3.34)式の右辺=0の2階微分方程式を解くことで得られる．予想される解の形として $G_y(t) = e^{A(t-T_0)}$ を方程式に代入し，これが解となりうるAの値を二つ求め，その二つの解を線形結合すれば次のような一般解が得られる．

$$^1G_y(t) = C_1 e^{\frac{t-T_0}{\sqrt{H/g}}} + C_2 e^{-\frac{t-T_0}{\sqrt{H/g}}} \tag{3.35}$$

ここで，初期条件として $t=T_0$ のときに位置が $^1G_y(T_0)$，速度が $^1\dot{G}_y(T_0)$ になるように定数 C_1，C_2 を求めると次のようになる．

$$^1G_y(t) = {}^1G_y(T_0)\cosh\{\sqrt{\frac{g}{H}}(t-T_0)\} + \sqrt{\frac{H}{g}}{}^1\dot{G}_y(T_0)\sinh\{\sqrt{\frac{g}{H}}(t-T_0)\} \tag{3.36}$$

一方，x方向の運動は，歩行中に進行方向や速度を変化させた場合にも，生成した重心軌道が発散せず，基準となる運動に収束してゆくように決定する．例えば，L_2 を支持脚線とする次の1歩の間の運動の収束性を左右するのは，1歩の初期状態の重心位置($G_x(T_1)$，$G_y(T_1)$)と速度($\dot{G}_x(T_1)$，$\dot{G}_y(T_1)$)であり，これらは現在の(L_1を支持脚線とする)1歩の間のx方向運動

の設定によって決定できる．ここで，次の1歩の開始点は，デューティ比が0.5であるときは，現在の2脚支持期間の終了点になるため，2脚支持期間終了時の位置と速度についてこのような収束性を持たせることとする．ただし，デューティ比が0.5より大きいときのことを考慮し，図3.18のように仮想的な次の一歩の支持脚線として真の支持脚線をP_sを通るように手前に平行移動したL_sを考える．デューティ比が0.5の場合はP_sはP_2に一致し，仮想の支持脚線は真の支持脚線と一致する．この仮想の支持脚線に対して収束性のある運動を計画することで，0.5以上のすべてのデューティ比に対応させることができる．具体的には，まず，x方向の速度変化をできるだけ少なくし，特に定速度歩行の場合にはx方向の加減速がゼロになるようにするため，T_sでのx方向の速度$^1\dot{G}_x(T_s)$は，

$$^1\dot{G}_x(T_s) = \frac{^1G_x(T_s) - {}^1G_x(T_0)}{T_s - T_0} \tag{3.37}$$

とする．また，生成する軌道の収束性を持たせるため，仮に現在の速度指令が次の1歩にも続くとした場合，次の1歩の初期位置と終了位置が支持脚線

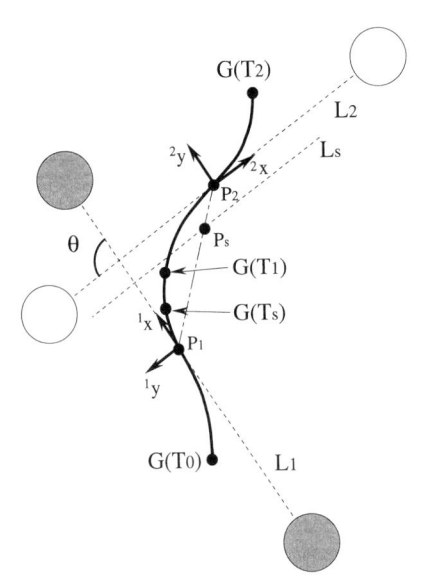

図3.18 4脚支持期間のある場合の仮想的な次の支持脚線

L_s に関して対称な位置になるようにする．すなわち，

$$^sG_y(T_s) = -{}^sG_y(T_2) \tag{3.38}$$

これらの条件より，現在の2脚支持期間終了時の位置は，

$$^1G_x(T_s) = \frac{\sin\theta\{{}^1P_{sx} - {}^1G_x(T_0)\} + \cos\theta\{{}^1G_y(T_s) - {}^1P_{sy} - K{}^1\dot{G}_y(T_s)\}}{\sin\theta(-K + T_s - T_0)} \tag{3.39}$$

ただし，

$$K = -\frac{\sinh\left\{\sqrt{\frac{g}{H}}(T_s - T_0)\right\}}{\sqrt{\frac{g}{H}}\left[1 + \cosh\left\{\sqrt{\frac{g}{H}}(T_s - T_0)\right\}\right]} \tag{3.40}$$

となる．ここで，θ は図3.18のように二つの支持脚線のなす角である．(3.37)式の終端速度と(3.39)式の終端位置を滑らかな運動で実現するため，

$$^1\dot{G}_x(t) = \begin{cases} {}^1\dot{G}_x(T_0) + 3\dfrac{{}^1\dot{G}_x(T_s) - {}^1\dot{G}_x(T_0)}{T_s - T_0}(t - T_0) & \left(T_0 < t < \dfrac{T_s + T_0}{2}\right) \\ {}^1\dot{G}_x(T_s) - \dfrac{{}^1\dot{G}_x(T_s) - {}^1\dot{G}_x(T_0)}{T_s - T_0}(t - T_s) & \left(\dfrac{T_s + T_0}{2} < t < T_s\right) \end{cases} \tag{3.41}$$

とする．

次に，4脚支持中の軌道を計画する．x方向の運動については，2脚支持期間と同じく，速度変化をできるだけ少なくし，特に定速度歩行の場合にはx方向の加減速がゼロになるようにする．また，次の1歩への連続性を持たせるため，4脚支持終了時刻での速度の方向を$G(T_s)$とP_2を結ぶ直線と一致させる．すなわち，

$$\frac{{}^1\dot{G}_x(T_1)}{{}^1\dot{G}_y(T_1)} = \frac{P_{2x} - {}^1G_x(T_s)}{P_{2y} - {}^1G_y(T_s)} \tag{3.42}$$

これらに，(3.36)式，(3.39)式から求められる2脚支持期間終了時の位置 ${}^1G_x(T_s)$，${}^1G_y(T_s)$ を代入し，4脚支持期間終了時の位置と速度を求めると次のようになる．

$$^1G_x(T_1) - {}^1G_x(T_s) = {}^1\dot{G}_x(T_1)(T_1 - T_s) \tag{3.43}$$

$$^1G_y(T_1) - {}^1G_y(T_s) = {}^1\dot{G}_y(T_1)(T_1 - T_s) \tag{3.44}$$

これらの終端速度と終端位置を滑らかな運動で実現するため，

$$
{}^1\dot{G}_x(t)=\begin{cases}{}^1\dot{G}_x(T_s)+3\dfrac{{}^1\dot{G}_x(T_1)-{}^1\dot{G}_x(T_s)}{T_1-T_s}(t-T_s) & \left(T_s<t<\dfrac{T_1+T_s}{2}\right)\\ {}^1\dot{G}_x(T_1)-\dfrac{{}^1\dot{G}_x(T_1)-{}^1\dot{G}_x(T_s)}{T_1-T_s}(t-T_1) & \left(\dfrac{T_1+T_2}{2}<t<T_1\right)\end{cases}
$$
(3.45)

$$
{}^1\dot{G}_y(t)=\begin{cases}{}^1\dot{G}_y(T_s)+3\dfrac{{}^1\dot{G}_y(T_1)-{}^1\dot{G}_y(T_s)}{T_1-T_s}(t-T_s) & \left(T_s<t<\dfrac{T_1+T_s}{2}\right)\\ {}^1\dot{G}_y(T_1)-\dfrac{{}^1\dot{G}_y(T_1)-{}^1\dot{G}_y(T_s)}{T_1-T_s}(t-T_1) & \left(\dfrac{T_1+T_2}{2}<t<T_1\right)\end{cases}
$$
(3.46)

とする．

以上のようにして生成された胴体運動の例を図 3.19 に示す．進行方向の変化や回転運動に対応して揺動軌道が生成されている．

以上のようなリアルタイム指令に対応した全方向動歩行制御アルゴリズムによる実際の歩行の様子を紹介しよう．実験には著者らの研究グループが開発した 4 足歩行ロボット，タイタン 6 号を使った．このロボットの詳細は文献 8) で紹介しているが，図 3.20 のように階段での歩行も可能なものであり，さらに動歩行に必要な高速な脚運動ができるように設計したものである．本節の運動計画アルゴリズムは，任意の歩行周期とデューティ比を扱うことができるが，以下の実験においては周期とデューティ比を固定し，移動

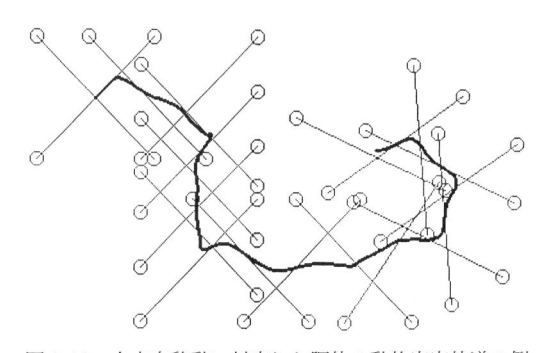

図 3.19　全方向移動に対応した胴体の動的安定軌道の例

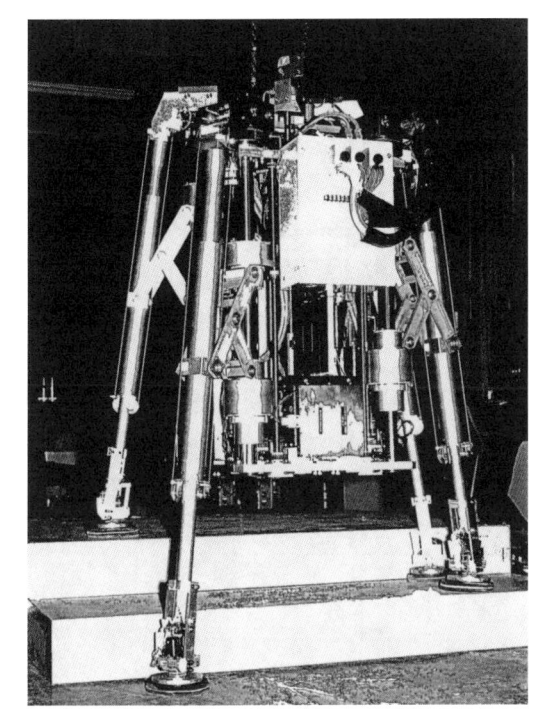

図 3.20 実験モデルタイタン 6 号

速度の調整は歩幅の変化によって行なった．オペレータからの指令はジョイスティックを用いて行ない，任意の方向への並進と回転運動を指令した．図 3.21 は進行方向を変化させた様子を長時間露光で撮影したものである．オペレータの指令に従って進行方向を変化させている様子がわかる．このときの指令の受け取りは 1 歩ごとの間欠的なものであるが，1 歩の周期は最短で 0.25 [sec] であるため，指令の遅延による操縦性の悪化は問題のないレベルであった．なお，平地の直進においては最高速度 1 [m/s] を実現した．これはほぼ人間の歩行速度に匹敵する．

コーヒーブレイク
学生：とても難しかったです．
先生：とにかく，ZMP を望みの位置にする運動は微分方程式を解けば得ら

図 3.21 動歩行による方向転換の軌跡

れること，それから運動が発散しないように若干の注意が必要なことがわかれば，次に進んでよろしい．

3.4 アクティブサスペンション制御

本節では，4足歩行ロボットの不整地における安定した歩行を実現させるため，動的効果を考慮した新しいアクティブサスペンション制御法について述べる．これは，従来の制御法のように地面の硬さを計測してモデル化する必要がなく，未知の地形上を高速に歩行することを可能にするものである．

3.4.1 位置制御から力制御へ

車輪型の移動機械が多少の凹凸地形を踏破できるのはサスペンション機構によるところが大きい．サスペンションには大きくわけて二つの機能がある．一つは本来不静定な4点以上の接地において適切な力配分を実現することである．つまり，カメラの三脚はどんな凹凸地形にも全部の足先が接地するのに対し，4本足の机はしばしば一脚が宙に浮くなどの不都合が生じるが，歩行ロボットでもこれと同じ現象が起こらないようにする必要がある．従来の歩行ロボットでは主に6足のものについて安定した接地圧を得るため

に力制御の研究が行なわれている．しかし，4足歩行ロボットの動歩行においても支持脚切り換え時には4脚支持の期間が生じる．このとき地面が平坦でない場合には接地できない脚ができ，本来，2脚支持期間に崩れたバランスを修正すべきところで逆に大きく傾いたりしてしまうおそれがある．このため，4足歩行ロボットにおいてもサスペンション機構が有効であると考えられる．

　サスペンションの第二の機能はショックの吸収である．車輪型の移動機械はサスペンションの機能により，地形の凹凸を吸収し，胴体の振動を小さくすることができる．歩行ロボットの場合は位置制御のみでは，遊脚を着地したときに大きな衝撃力が生じてしまう．大きな衝撃力は機械の故障につながり，建築物の中を歩行するときなどは床にも悪影響を及ぼす恐れがある．歩行ロボットにもサスペンションの機能を導入すれば，着地時の衝撃を小さくすることができる．

　一方，歩行ロボットの特徴の一つとしてマニピュレータ等を装備した場合に作業時の頑健なプラットホームになる特性があげられるが，車輪型に用いられるようなバネとダンパによるサスペンションはこの特性を疎外してしまう．また，歩行ロボットでは車輪型と異なり脚を浮かせて移動させる動作がある．このときは荷重がなくなるためバネとダンパによるサスペンションでは下限まで伸びてしまい，アクチュエータによる脚の上下運動に対して実際の足先の上下動が小さくなってしまう．本節では，これらの欠点を解決するため，センサとアクチュエータによってサスペンションの機能を実現するアクティブサスペンションを導入する．

　アクティブサスペンションの実現には足先に力センサを装備し，脚の上下運動を力制御することが必要である．本節ではその力の目標値の決定方法について，あらかじめ必要な接地力を求めておくフィードフォワードによる接地力決定法と，歩行ロボットの状態によって接地力を調整するフィードバックによる接地力決定法，およびこの二つの組み合せ方について説明する．

　なお，力制御を行なうのは各脚の鉛直方向の自由度のみとし，それ以外の自由度は3.3節に示した位置制御を行なう．また，ここでは高速な動歩行のみでなく，3脚支持期間のある比較的ゆっくりとしたクロール歩容なども対

象とする．

3.4.2 スムーズな着地の実現

歩行時には支持脚を次々と切り換えてゆくが，位置制御では支持脚が遊脚になる瞬間，遊脚が支持脚になる瞬間の力が不連続である．このことは歩行ロボットの動きがスムーズでなくなる原因になっている．このような問題点を解決するためには，連続した力の目標値を設定して力制御を行なうことが有効である．フィードフォワードによる接地力決定方法は，外乱が加わらないと仮定して，運動に必要な接地力をあらかじめ求めておく方法である．4足歩行ロボットでは，2，3，4脚支持の状態があるが，その各状態における具体的な計算方法を次に示す．

2および3脚支持の場合には，各脚の接地力の鉛直方向成分のみを考える．3.3節で述べた場合と同じく，運動に必要な接地力の合計を並進力 ($\bar{F}_x$, $\bar{F}_y$, $\bar{F}_z$) と重心まわりのモーメント ($\bar{M}_x$, $\bar{M}_y$, $\bar{M}_z$) とする．また，重心の座標を (x_G, y_G, z_G)，各脚の座標を (x_i, y_i, z_i) {i=1〜4}，各脚のフィードフォワード目標接地力を F_{ffi} (i=1〜4)，本体重量を mg とおく．a, b, c 番 (a, b, c=1〜4) の脚が支持脚で，d 番の脚が遊脚であるとすると，モーメントの釣り合いから次式が成り立つ．

$$(x_a - x_G)\boldsymbol{F}_{ffa} + (x_b - x_G)\boldsymbol{F}_{ffb} + (x_c - x_G)\boldsymbol{F}_{ffc} = -\bar{M}_y \tag{3.47}$$

$$(y_a - y_G)\boldsymbol{F}_{ffa} + (y_b - y_G)\boldsymbol{F}_{ffb} + (y_c - y_G)\boldsymbol{F}_{ffc} = -\bar{M}_x \tag{3.48}$$

また接地力と自重の釣り合いから，

$$\boldsymbol{F}_{ffa} + \boldsymbol{F}_{ffb} + \boldsymbol{F}_{ffc} - m\boldsymbol{g} = \bar{F}_z \tag{3.49}$$

以上の3式のうちの未知数は F_{ffa}, F_{ffb}, F_{ffc} の三つであるから，すぐにこれらを求めることができる．結果は以下のようになる．

$$\boldsymbol{F}_{ffa} = \frac{\bar{M}_x(x_b - x_c) + \bar{M}_y(y_b - y_c) + \{y_b x_c - y_c x_b + y_G(x_b - x_c) + x_G(y_c - y_b)\}(\bar{F}_z + m\boldsymbol{g})}{x_a(y_c - y_b) + x_b(y_a - y_c) + x_c(y_b - y_a)} \tag{3.50}$$

三つの支持脚 a, b, c の順番は任意であるから，求めたい脚を a とおけばよい．以上が3脚支持のときの接地力である．

2脚支持のときもこれと全く同様の式で表される．なぜならば2脚支持のときは支持脚線まわりに必要なモーメントがゼロであるように胴体運動を計

画するので，一つの遊脚を仮に支持脚として扱ってもその接地力はゼロになる．

4脚支持の場合は，未知数が四つあるので3脚支持の場合のようにモーメントの釣り合いと自重と接地力の釣り合いの三つの式からそのまま求めることはできない．そこでもう一つ何か条件を付加して式を四つにするという方法も考えられる．しかし，スムーズな歩行のためには接地力を連続に変化させたいので，4脚支持期の前後の3脚支持期の接地力を連続につなぐことで接地力を求める．

4脚支持の直前と直後は3脚又は，2脚支持であり，そのときの各脚の接地力は上述のように求められている．また，4脚支持期間中の重心の移動速度はほぼ一定であると仮定すると，4脚支持の前後の接地力を図3.22のように線形に補完することにより各時刻における接地力とすることができる．すなわち，時刻をt，各時刻における各脚の接地力を$F_j(t)$ $\{j=1\sim4\}$ とし，4脚支持になる直前と直後の時刻をそれぞれT_b，T_n，そのときの各脚の接地力を$\boldsymbol{F}_{bj}$，$\boldsymbol{F}_{nj}$ $\{j=1\sim4\}$ とすると，

$$\boldsymbol{F}_j(t) = \frac{\boldsymbol{F}_{bj}(T_n-t)+\boldsymbol{F}_{nj}(t-T_b)}{(T_n-T_b)} \tag{3.51}$$

となる．なお，特例として，歩行開始時は最初から4脚支持であり直前の3脚支持はないが，歩行開始前の基準脚配置での接地力は全脚均等としているので，4脚支持になる直前の接地力としてこの値を使用する．以上のように脚の接地力をフィードフォワード的に計算して制御することでスムーズな着

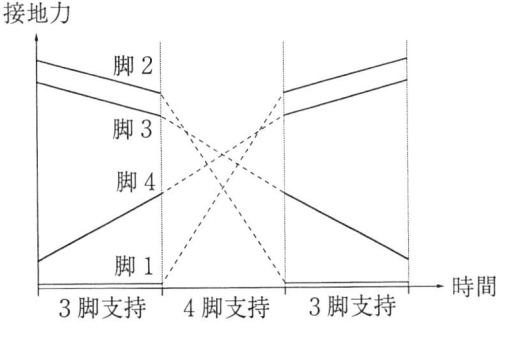

図3.22 スムーズな歩行を実現する各脚の力配分

地や適切な力配分を実現することができる．

3.4.3 スカイフックサスペンション

前項で述べたフィードフォワードによる接地力だけでは外乱に対応できない．例えば，外力が加わったり，あるいは積み荷による重心の変動があったりした場合には運動が乱れてしまう．そこで歩行ロボットの状態をモニタして接地力を修正するフィードバック制御法を導入する．外乱があっても歩行ロボットが傾いたり，振動したりしないためには，図 3.23 のように絶対座標系に対して胴体にインピーダンスを設定するのが有効である．これは各脚の接地力を適切に発生させることにより，胴体の x, y 軸まわりおよび z 軸方向にあたかもバネとダンパが設定されているかのような運動を実現するものである．このような制御法をスカイフックサスペンション制御と呼ぶことにする．近年は自動車のサスペンションもアクティブ化が進み，このスカイフックサスペンションに近いものが登場している．さて，4 足歩行ロボットのスカイフックサスペンションでは，x, y 軸まわりの胴体傾斜角はジャイロを用いて計測する．ジャイロは並進加速度に影響されずに回転運動のみを抽出し，角速度を測ることができる．また，支持脚の z 軸の位置をエンコーダやポテンショメータにより計測し，地面の平均的な高さに対する相対的な重心の高さ算出する．これらのセンサ情報をもとに接地力を制御することにより図 3.23 のような特性を実現させ歩行ロボットの安定化をはかる．ここでは，胴体の持つ上下方向のインピーダンス特性は空のような真の絶対座標ではなく，地面の平均的な高さを基準とすることにより，山を登るような場合にも地面にめり込むようなことはせず，胴体はスムーズに上昇してゆく．具体的な計算方法を次に示す．

各パラメータを次のようにおく．
設定する減衰定数とバネ定数
x 軸まわり　　　　　　D_x, K_x

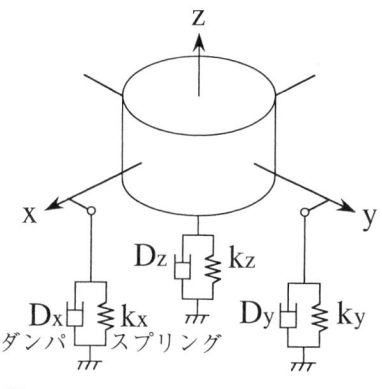

図 3.23　スカイフックサスペンションの胴体インピーダンス

  y 軸まわり D_y, K_y
  z 軸方向 D_z, K_z
必要なフィードバックモーメントおよび z 軸方向の力
  x 軸まわり ΔM_x
  y 軸まわり ΔM_y
  z 軸方向 ΔF_z
胴体の角度，各速度および重心の z 軸方向の基準高さからのずれと速度
  x 軸まわり θ_x, $\dot{\theta}_x$
  y 軸まわり θ_y, $\dot{\theta}_y$
  z 軸方向 Δz, $\Delta \dot{z}$
胴体の質量 m
フィードフォワードによる接地力 F_{ffj} {j=1〜4}
各脚の接地力修正量 $\triangle F_j$ {j=1〜4}
各脚先の z 軸方向の重心からの距離 L_j {j=1〜4}
各脚の座標 (x_j, y_j, z_j) {j=1〜4}
胴体重心の座標 (x_G, y_G, z_G)

以上のパラメータを使用して最終的に $\triangle F_j$ を求める．胴体に減衰定数とバネ定数を設定したときの必要なモーメントおよび z 軸方向の力は，

$$\Delta M_x = -D_x \dot{\theta}_x - K_x \theta_x \tag{3.52}$$

$$\Delta M_y = -D_y \dot{\theta}_y - K_y \theta_y \tag{3.53}$$

$$\Delta F_z = -D_z \Delta \dot{z} - K_z \Delta z \tag{3.54}$$

である．次に z 軸方向の基準高さからのずれを求めるのに必要な胴体高さを求める．その方法としては，単純に支持脚の z 軸方向の平均高さを用いる方法もあるが，その場合は不整地では支持脚切り換え時に胴体高さの値が不連続になるので，次のようにフィードフォワードによる接地力を用いて重み付け平均を行なう．

$$z_G = \frac{\sum_{j=1}^{4} F_{ffj} L_j}{\sum_{j=1}^{4} F_{ffj}} \tag{3.55}$$

フィードフォワードによる接地力は遊脚のときや，着地した瞬間，および

脚を上げる瞬間はゼロであり,また連続的に変化するので,この式により得られる胴体高さは連続的に変化し,これによって求められるフィードバック量も連続になるという利点がある.次に前述のモーメントおよび力を得るために必要な$\triangle F_j$を2,3,4脚支持の場合に分けて求める.

3脚支持の場合は,発生すべき力とモーメントは三つの力に一意に配分される.フィードフォワードのときと同様に,a,b,c番の脚を支持脚とすると,モーメントおよびz軸方向の力の釣り合いから次式が成り立つ.

$$(x_a-x_G)\Delta F_a+(x_b-x_G)\Delta F_b+(x_c-x_G)\Delta F_c=-\Delta M_y \tag{3.56}$$

$$(y_a-y_G)\Delta F_a+(y_b-y_G)\Delta F_b+(y_c-y_G)\Delta F_c=-\Delta M_x \tag{3.57}$$

$$\Delta F_a+\Delta F_b+\Delta F_c=\Delta F_z \tag{3.58}$$

この場合は式が三つで未知数が三つだからすぐに解け,次の様になる.

$$\Delta F_a=\frac{\Delta M_x(x_b-x_c)+\Delta M_y(y_b-y_c)+\{y_bx_c-y_cx_b+y_G(x_b-x_c)+x_G(y_c-y_b)\}\Delta F_z}{x_a(y_c-y_b)+x_b(y_a-y_c)+x_c(y_b-y_a)} \tag{3.59}$$

三つの支持脚a,b,cの順番は任意であるから,求めたい脚をaとおけばよい.以上が3脚支持のときの接地力修正量である.

4脚支持の場合は,発生すべき力とモーメントの四つの力への配分法は一意には決まらないという不静定性をもつ.そこで,4脚のうち直前に遊脚だった脚を除いた3脚と,次に遊脚になる脚を除いた3脚で,2通りの3脚支持の計算を行ない,二つの計算結果を組合せて力を算出する.その組合せ方は直前に遊脚だった脚と,次に遊脚になる脚のフィードフォワードによる接地力の比を利用して重み付け平均を行なう.

直前に遊脚だった脚をb番,次に遊脚になる脚をn番とする.b番とn番の現在のフィードフォワードによる接地力をそれぞれF_{ffb},F_{ffn}とし,b番を除いて計算したときの各脚のフィードバック力を$\triangle F_{bj}$,n番を除いて計算したときの各脚のフィードバック力を$\triangle F_{nj}$とすると求める力は,

$$\Delta F_j=\frac{F_{ffb}\Delta F_{nj}+F_{ffn}\Delta F_{bj}}{F_{ffb}+F_{ffn}} \tag{3.60}$$

となる.前項で説明したようにフィードフォワード値F_{ffb}は最初がゼロ,F_{ffn}は最後がゼロで共に連続的に変化するので,上式のようにすることで,

3脚支持期とのつながりをスムーズにできる.

次に,2脚支持の場合は,二つの支持脚を結ぶ支持脚線まわりのモーメントは発生できないので,発生すべきモーメントの一部のみを二つの力に配分する.すなわち,(3.52)(3.53)式によって求められるx,y軸まわりのモーメントのうち,支持脚線に垂直な成分(M_tとする)のみを発生させる.当然,支持脚線まわりの傾斜については,修正できない.しかし,これは後の3,4脚支持の期間で修正できる.また,3,4脚支持期間の無いデューティ比が0.5の歩容であっても,次の一歩の支持脚線の方向は異なるので,その間に前の一歩で生じた傾斜を修正できると考えられる.具体的な算出方法は,a番とb番の脚が支持脚とし,図3.24のようにψ,r_a,r_bを定めると,

$$cos\ \psi = \frac{x_a - x_b}{\sqrt{(x_a - x_b)^2 + (y_a - y_b)^2}} \tag{3.61}$$

$$sin\ \psi = \frac{y_a - y_b}{\sqrt{(x_a - x_b)^2 + (y_a - y_b)^2}} \tag{3.62}$$

$$r_a = (x_a - x_G)cos\ \psi + (y_a - y_G)sin\ \psi \tag{3.63}$$

$$r_b = (x_b - x_G)cos\ \psi + (y_b - y_G)sin\ \psi \tag{3.64}$$

となり,発生させたいモーメントのうち,支持脚線に垂直な成分は,

$$M_t = \frac{\Delta M_x(y_b - y_a) + \Delta M_y(x_b - x_a)}{\sqrt{(x_a - x_b)^2 + (y_a - y_b)^2}} \tag{3.65}$$

である.またこの時,次の式が成り立つ.

$$r_a \Delta F_a + r_b \Delta F_b = -M_t \tag{3.66}$$

$$\Delta F_a + \Delta F_b = \Delta F_z \tag{3.67}$$

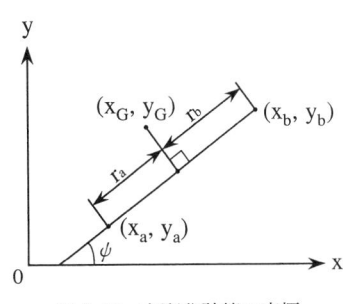

図3.24 力配分計算の座標

これらを解くと次の様になる．

$$\Delta F_a = \frac{M_t - r_a \Delta F_z}{r_a - r_b} \tag{3.68}$$

$$\Delta F_b = \frac{M_t - r_b \Delta F_z}{r_a - r_b} \tag{3.69}$$

以上が各支持脚数におけるフィードバック制御の接地力算出法である．

凹凸のある地形の歩行では，それぞれの脚は遊脚期間中は設定した軌道を追従する位置制御を行ない，支持脚期間中は力制御を行なう．位置制御から力制御への切り替えは，足裏の力センサの信号がある値以上になったときに行なう．また，支持脚から遊脚への切り替えは，計画された遊脚軌道の値が，現在の脚高さのモニタ値より高くなった時点で行なう．遊脚軌道の設定は，階段や大きな段差等で，センサ等によってあらかじめ接地点の概略の高さがわかっている場合には，それに合わせて指令し，若干の高さ誤差だけをサスペンション機能で吸収する．

さらに，各脚の力制御の指令値はフィードフォワードの値とフィードバックの値を合計したものとするが，これには下限値 F_{min}（実験では 10［N］）を設定する．これは，脚が浮き上がることなく，常に安定した接地状態を保つためである．

次に，スカイフックサスペンション制御の有効性を示す実験を紹介しよう．ロボットは前節で使ったタイタン 6 号で足先に力センサを装備している．

初めに，タイタン 6 号を 3 脚支持で起立させ，支持脚にはブレーキをかけておき，残った一脚で足踏みを行った．このときの接地力の時間変化の様子を図 3.25 に示す．図中の A の部分は通常の床面，B の部分は床面上に厚さ 50［mm］の固い板を置いた場合，C の部分は床面上に柔らかいクッション材を置いた場合の結果である．いずれも着地した瞬間は約 100［N］の衝撃力が生じているが，それ以降は，ほぼ指令通りの力がでている．着地期間の位置のデータでは平坦地と硬い段差の場合にも床面が変形しているように見えるが，これは脚自体のもつ弾性であり，やわらかい段差の場合より変形が小さい．このように床の高さの異なる場合や，床が柔らかい場合にも安定して力制御が行なわれている．

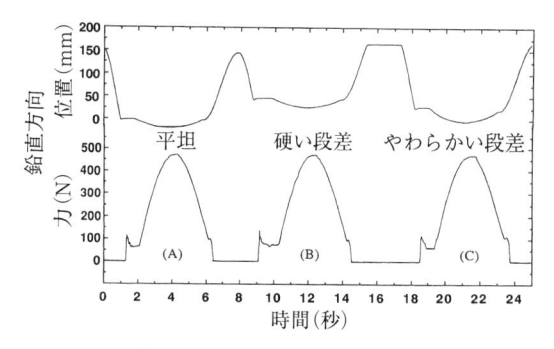

図 3.25　力制御による足踏み

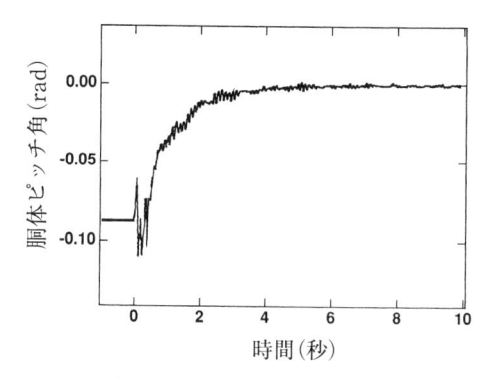

図 3.26　胴体傾斜の復帰試験

　スカイフックサスペンションによる姿勢制御の性能を検証するため，あらかじめ胴体を傾けた後に，姿勢制御を開始し，復帰の様子を測定した．傾斜の時間変化の様子を図 3.26 に示す．制御開始時に　若干の振動が見られるが，ほぼ期待した通りの時間でスムーズに水平に復帰している．

　未知の不整地での歩行を紹介しよう．図 3.27 のように水平な床面上に高さ 40 mm の段差を木板で作り，その上をデューティ比 0.88 で歩行させた．段差の情報は歩容決定アルゴリズムにはインプットしていない．胴体の中央につけた LED アレイを点滅させ 3 秒ごとの胴体位置を示している．また，足先につけたランプの軌跡によって足先の運動を示している．これにより，1 脚が段上に着地した場合にも，胴体を鉛直に保ったまま歩行できていることがわかる．

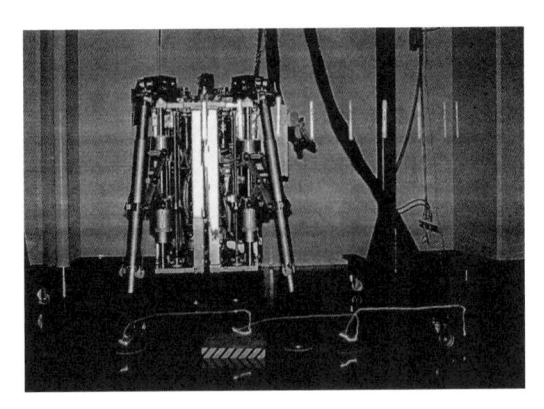

図 3.27 段差乗り越え時の胴体運動
(縦の線分が 3 秒毎の胴体の位置,足元の線が足先の軌跡を表している)

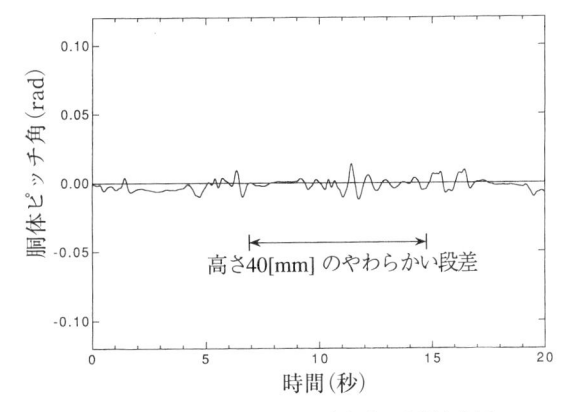

図 3.28 やわらかい地形の歩行中の胴体傾斜角

次に,柔らかい路面上での歩行を行なった.図 3.28 は図 3.27 の実験で硬い木板であった段差を弾性のあるものとした場合の胴体傾斜角である.この段は 2 本の角材上に薄い木板を渡したものであり,1000 [N] の荷重で約 20 [mm] たわむ程度のものである.デューティ比は同じく 0.88 である.このような地形の場合にも胴体傾斜は少なく,安定して歩行している.

続いて,図 3.27 と同じ硬い板で作った不整地において,デューティ比 0.70 の歩行を試みた.このときの四つの接地力の様子と胴体傾斜角を図 3.29,図 3.30 に示す.四つの接地力変化から 2 脚支持期間のある歩行であ

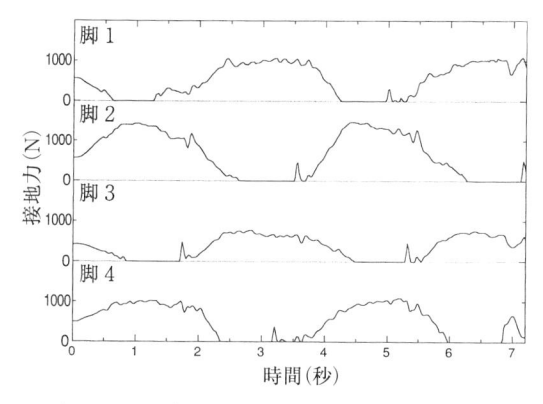

図 3.29 動歩行中の各脚の連続的な接地力変化

ること，急激な接地力変化がなく，スムーズな支持脚切り換えができていることがわかる．胴体の傾斜は，静歩行の場合に比べて，若干大きくなっているが，安定して歩行が継続されている．

このように，4 足歩行ロボットは実験室環境ではあるが，ダイナミックス

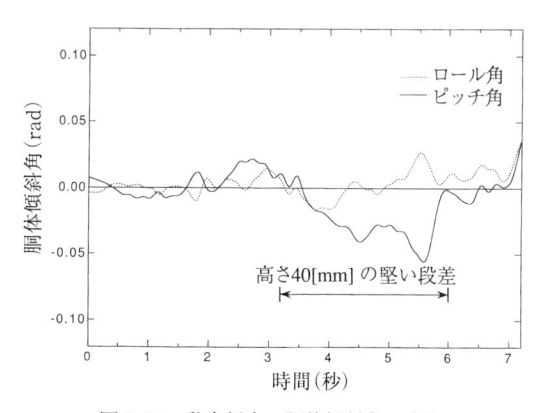

図 3.30 動歩行中の胴体傾斜角の変化

を考慮した制御法によって凹凸地形上をスムーズに歩行することができている．しかし，馬のような高速走行，障害物飛び越え，熊のような山岳地踏破能力などを考えると，ロボットの運動神経はまだまだ生物に及ばないところが多いと感じざるを得ない．

コーヒーブレイク

学生：スカイフックサスペンションのフィードバック制御があれば，その前のフィードフォワード制御はいらないのでは？

先生：フィードフォワード制御は，いわば抜き足・差し足的な歩行をさせるもので，これが無いじゃじゃ馬的な歩行はスカイフックサスペンションでも手に負えないというところかな．

参考文献

1) R. McN. Alexander：The International Journal of Robotics Research, 3, 2(1984) P. 49.
2) Shin-Min Song, Kenneth J. Waldron：Machines That Walk, The MIT Press(1988) P. 41.
3) Miomir Vukobratovic(加藤一郎, 山下　忠訳)：歩行ロボットと人工の足, 日刊工業新聞社(1975) P. 32.
4) 高西淳夫：日本ロボット学会誌, **11**, 3, (1993) P. 348.
5) 米田　完, 広瀬茂男：日本ロボット学会誌, **14**, 4(1996) P. 517.
6) 広瀬茂男, 米田　完：日本ロボット学会誌, **9**, 3(1991) P. 267.
7) 広瀬茂男：ロボット工学, 裳華房(1987) P. 6.
8) 広瀬茂男, 米田　完, 荒井和彦, 井辺智吉：日本ロボット学会誌, **9**, 4(1991) P. 445.

第4章　2足歩行のダイナミックスと制御

4.1　はじめに

　本章では，2足歩行システムの機構，力学，制御に関する基本事項について述べ，さらに筆者らの研究を含めて2足歩行ロボットの開発およびその制御について紹介する．

　人間はとび石のように点々と配置された支持面の上を苦もなく歩いていく．また，凹凸の岩地や崩れやすい砂地も，それほど苦にせず歩く．ところが，人間の歩行においては，精密機械であるジャイロや加速度計と較べるとそれほど精度が高くないと思える三半規管，前庭器などの姿勢角，加速度センサを用いてその制御を行っている．また，人間の歩行におけるエネルギ消費は非常に少ないものとなっている．このような点からも，2足歩行ロボットの開発においては，人間や生物の機構，歩行制御方式が参考になると考えられる[1～15]．

　人間の歩行を図4.1，走行を図4.2に示す．人間は，秒速約2.0～2.5 [m/s]（時速7.2～9.0 [km/h]）を超えると歩行から走行に切り換える．Alexanderはこれを次のように説明している[6]．図4.1に示すように，股関節が支持脚足首回りに円弧運動(半径 l)をしながら行なわれている歩行について考える．股関節の速度を v とすると，股関節の支持点に向かう加速度は v^2/l である．この加速度が重力加速度 g より大きくなると床面からの垂直抗力は0となり，このような運動は不可能となる．すなわち歩行の限

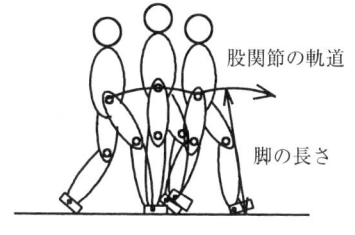

図4.1　人間の歩行

図4.2　人間の走行

界は $v^2/l < g$ で表される．股関節までの半径が 0.9 [m] の場合，$\sqrt{gl}$ は約 3 [m/s] である．人間の通常の歩行では，これより遅い 2.0～2.5 [m/s] で歩行から走行に切り換えるが，これは，エネルギ消費の観点から説明できる．

歩行および走行は重力場を巧みに利用した運動であり，重力場がない環境では，歩行・走行は不可能である．しかし，地球の大きな重力は 2 足歩行ロボットの開発にとって一つの障害ともなる．すなわち，2 足歩行ロボットにおいては，ロボット自身の自重を直列リンク機構で支える必要があるため，各関節を駆動するモータや減速機の負担は非常に大きくなる．これは，自重の 1/10 以下の物体をハンドリングする産業用ロボットと大きく異なるところである．

歩行システムを議論する際に，進行方向を含む床面に垂直な面のことを Sagittal 平面(矢状面)と呼び，進行方向に垂直な面のことを Lateral 平面(前頭面)と呼ぶ(図 4.3 参照)．また，ピッチ軸，ロール軸，ヨー軸は図 4.3 のように定義される．

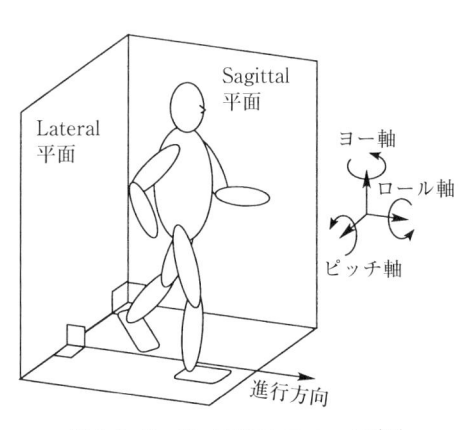

図 4.3 Sagittal 平面と Lateral 平面

4.2 歩行ロボットの機構

歩行制御においては着地点の選択が最も大きな効果を持つ．そこで，脚の付け根から見た慣性モーメントはできるだけ小さいほうが望ましい．この慣性モーメントが小さいとき，遊脚を高速に振り出すことができ，また振り出したことによる影響も小さい．遊脚を高速に振り出せることは，高速な歩行につながる．実際，人間の脚においても脚先端の質量をできるだけ小さくする構造となっている[5]．

(a) 球面関節型　　　(b) 直列リンク型

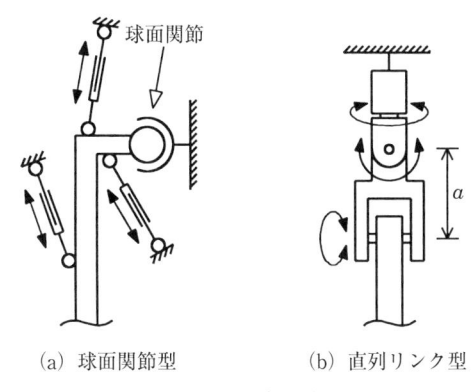

図 4.4　股関節機構

上記の点を考慮すると，腰部にロール軸，ピッチ軸，ヨー軸まわりの自由度を集中的に持たせることが望ましいことがわかる．これを実現する方法として図4.4に示す二つの方法が考えられる．図4.4(a)は球面関節を持つ脚をボールねじ等を用いたリニアアクチュエータで駆動する方法であり，機構的剛性を高くできる可能性を持つ．この機構は人体の股関節に近い．

しばしばロボットで用いられている方法は，図4.4(b)に示す直列リンク型である．二つの軸の距離 a を縮めロール軸，ピッチ軸，ヨー軸が一点で交差するように設計すると，球面関節と同様の運動をする．

膝関節にはピッチ軸まわりの一つの自由度を持たせる．ロボットの膝関節の機構としては図4.5に示すような四つのタイプが考えられる．図4.5(a)の機構は関節部に減速機とモータを配置したものである．図4.5(b)および図4.5(c)の機構では，ベルト・プーリにより脚下部の質量をできるだけ軽くしている．図4.5(b)の機構では減速機とモータが一体となり，減速機の出力軸からベルト・プーリにより関節へトルクが伝達されている[16,17]．図4.5(c)の機構では，モータのトルクがベルト・プーリを介して減速機に伝達されている[18~20]．図4.5(d)では，リンク機構により減速機のトルクが膝関節軸まで伝達されている．

足首関節の駆動においても図4.5(b)～(d)のような機構を採用することにより，脚先端の質量をできるだけ小さくすることが望ましい．足首には，ロール軸とピッチ軸の自由度を持たせるのが通常の構成である．これにより，

(a) 駆動機構一体型

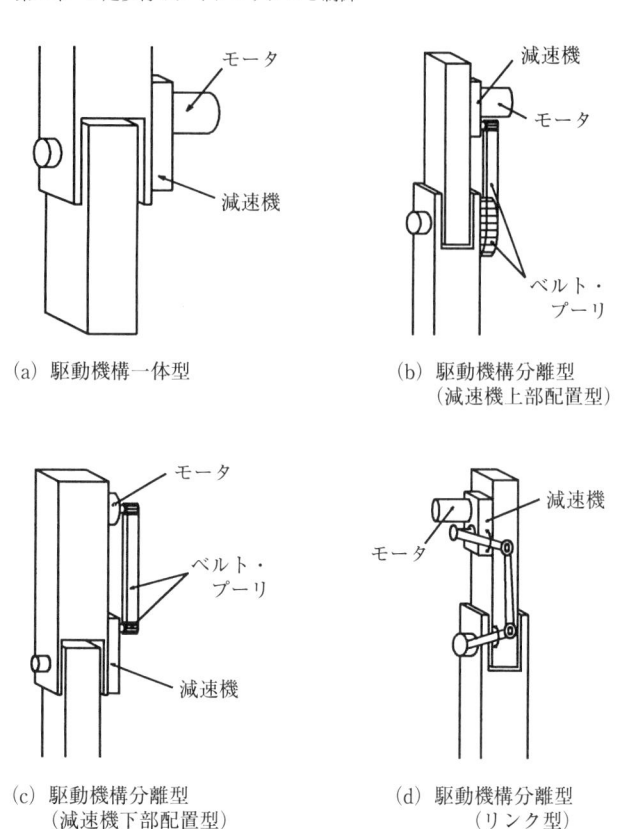

(b) 駆動機構分離型
(減速機上部配置型)

(c) 駆動機構分離型
(減速機下部配置型)

(d) 駆動機構分離型
(リンク型)

図 4.5　膝関節機構

合計6自由度を持つことになり，胴体部から見て，足底部に任意の位置(3自由度)と姿勢(3自由度)を取らせることが可能となる．しかし，人間の歩行でしばしば現れる膝を伸ばした状態では特異姿勢となり，足底部で実現できる自由度が一つ低下する．そこで，このタイプのロボットでは，特異姿勢を避ける意味からも，常に膝を曲げた歩行パターンを採用するのが望ましい．

足部の機構としては，図 4.6 のようなものが考えられる．現在のところ多くのロボットは図 4.6(a)のような一体型の足部となっている．しかし，図 4.6(b)のような足底部を持つとき，爪先でしっかり床面をグリップしながら足首を上下させることができ，膝を伸ばすことによって失われた自由度を

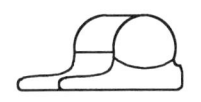

(a) 平面型足底　　　(b) 爪先可動型足底　　　(c) 対地適応型足底

図 4.6　足部の機構

回復することができる[10,23].

4.3　運動方程式および衝突方程式

4.3.1　足底が剛体のモデル

図 4.7 に歩行ロボットのモデルを示す．胴体部の重心位置および姿勢をベクトル x_B, θ_B で表し，各関節の曲げ角を関節角度ベクトル ϕ で表すことにする．まず，足底が剛体の場合について考える（図 4.7(a)参照）．このとき，ロボットの運動方程式は次式で表される．

$$A(\xi)\ddot{\xi} + B(\xi, \dot{\xi}) = DT + E\Lambda \tag{4.1}$$

ここで，

$$\xi = [x_B^T,\ \theta_B^T,\ \phi^T]^T$$

$$E = \left(\frac{\partial C}{\partial \xi}\right)^T$$

　　T：関節トルクベクトル

　　Λ：床反力ベクトル

ただし，床反力ベクトル Λ は次のようにして求められる[21]．足底の全体あるいは足底の一部が床面に接地することによる拘束条件を

(a) 足底剛体モデル　　　(b) 足底粘弾性モデル

図 4.7　2足歩行ロボットのモデル

$$C(\boldsymbol{\xi})=0 \tag{4.2}$$

と表すことにする．単脚支持期では一つの脚にのみ拘束条件が与えられ，両脚支持期には両方の脚に拘束条件が与えられる．すなわち，足底の接地状態により拘束条件は変化していく．式(4.2)を時間について2回微分すると次式が得られる．

$$\frac{d^2 C(\boldsymbol{\xi})}{dt^2}=\dot{E}^T \dot{\boldsymbol{\xi}}+E^T \ddot{\boldsymbol{\xi}}=0 \tag{4.3}$$

式(4.1)および式(4.2)より，床反力ベクトル $\boldsymbol{\Lambda}$ は次のようにして与えられる．

$$\boldsymbol{\Lambda}=(E^T A^{-1} E)^{-1}(E^T A^{-1} B - \dot{E}^T \dot{\boldsymbol{\xi}} - E^T A^{-1} D\boldsymbol{T}) \tag{4.4}$$

次に，遊脚足底の着地のモデル化について考える．足底の着地は一種の衝突現象と考えることができる．ラグランジェの衝突方程式を用いて，着地前後の一般化速度ベクトル $\dot{\boldsymbol{\xi}}^-$，$\dot{\boldsymbol{\xi}}^+$ の関係を求めることができる[22]．着地による床面への拘束を $\boldsymbol{d}(\boldsymbol{\xi})=\boldsymbol{0}$ と表すことにする．この拘束が着地後も満たされるとき，次式が成り立つ．

$$F^T \dot{\boldsymbol{\xi}}^+ = \boldsymbol{0} \tag{4.5}$$

ここで，

$$F = \left(\frac{\partial \boldsymbol{d}}{\partial \boldsymbol{\xi}}\right)^T \tag{4.6}$$

足底と床面の間に生じる撃力ベクトルを $\boldsymbol{p}$ とすれば，ラグランジェの衝突方程式より次式が求まる．

$$A\dot{\boldsymbol{\xi}}^+ - A\dot{\boldsymbol{\xi}}^- = F\boldsymbol{p} \tag{4.7}$$

式(4.5)，(4.7)より，撃力ベクトル $\boldsymbol{p}$ および着地直前と直後の一般化速度の関係は，次のように導かれる．

$$\boldsymbol{p}=(F^T A^{-1} F)^{-1} F^T \dot{\boldsymbol{\xi}}^- \tag{4.8}$$

$$\dot{\boldsymbol{\xi}}^+ = \{I - A^{-1} F (F^T A^{-1} F)^{-1} F^T\}\dot{\boldsymbol{\xi}}^- \tag{4.9}$$

実際の歩行ロボットでは，関節駆動系およびリンクの弾性，減速機の摩擦および着地時の撃力による滑り等があるため，上記のモデルによって着地現象を完全に記述できるわけではない．特に，リンク側からの撃力によって減速機をバックドライブする際の摩擦力は大きく，しかも摩擦力の大きさには

不確定性が大きいため，実際のロボットの着地後の各リンクの角速度とは大きな差が生じる．しかし，滑りさえなければ，上記の式は着地後の着地点まわりの角運動量については正確に記述しているため，歩行システムにおける重要な状態量である角運動量については正確に求めることができる．

衝突現象のモデル化が困難であることも一因となり，近年行なわれている歩行ロボットの研究では，衝突現象をできるだけ小さくした歩行パターンが採用されている．

4.3.2 足底の粘弾性を考慮したモデル

次に，足底に粘弾性材料を用いた場合の運動方程式について考える．足底への粘弾性材料の導入は次の効果を持つ．

(1) 着地時の衝撃緩和
(2) 歩行面とのグリップ特性の向上
(3) 力制御系を安定化する効果

図4.7(b)のモデルを用いると運動方程式は次のように表される[23]．

$$A(\boldsymbol{\xi})\ddot{\boldsymbol{\xi}} + B(\boldsymbol{\xi}, \dot{\boldsymbol{\xi}}) = D\boldsymbol{T} + E_R(\boldsymbol{\xi}, \dot{\boldsymbol{\xi}}, t) + E_L(\boldsymbol{\xi}, \dot{\boldsymbol{\xi}}, t) \quad (4.10)$$

ただし，$E_R(\boldsymbol{\xi}, \dot{\boldsymbol{\xi}}, t)$，$E_L(\boldsymbol{\xi}, \dot{\boldsymbol{\xi}}, t)$ は，足底の剛体部と床の間の相対的な位置および速度によって変わる床反力の影響を示す．$E_R(\boldsymbol{\xi}, \dot{\boldsymbol{\xi}}, t)$，$E_L(\boldsymbol{\xi}, \dot{\boldsymbol{\xi}}, t)$ は，足底の粘弾性材料のレオロジー特性および足底の形状によって決定される．

4.3.3 減速機の特性を考慮したモデル

産業用ロボットの減速機においては，正確な軌道制御のためバックラッシュをできるだけ小さくする必要がある．しかし，バックラッシュを小さくした減速機においては摩擦トルクが大きくなり，定格トルクの数割にも達する．歩行ロボットにおいても減速機のバックラッシュはロボットの姿勢を不確定にし，振動の原因などにもなる．そこで，バックラッシュの小さい減速機が歩行ロボットにおいても用いられるが，その結果各関節を駆動する際の摩擦トルクは大きくなる．

歩行ロボットにおいては，歩行の各状態に応じた外界に従うコンプライアントな制御から，正確な軌道制御や位置決め制御のような剛性の高い制御まで変化させる必要がある．各関節における高ゲイン位置/速度フィードバッ

クは，摩擦や慣性力，重力の影響を受けながら正確に軌道制御を行なうために，産業用ロボットにおいて採用されている．

多くの歩行ロボットにおいてもこの関節における局所フィードバックが採用されている．歩行の状態に応じて採用されるコンプライアンス制御や力制御においても，産業用ロボットと同様に，各関節における局所高ゲインフィードバックがその基礎となっており，局所フィードバックの目標値を力センサ情報を用いて補正するという方法がとられる．

減速機を含む関節駆動系を図4.8のようにモデル化する．モータの回転角度を θ_m，負荷の回転角度を θ_a とする．また，モータの慣性を J_m，負荷の慣性を J_a，駆動系の剛性を k_j，減速比を N とする．このように関節駆動系をモデル化すると，各関節について関節角度およびモータ角度の二つの自由度を持つことになり，歩行ロボットのモデルは，前項で議論したモデルの2倍の次数を持つことになる．

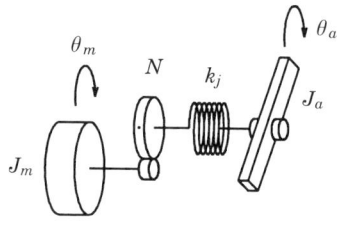

図4.8 関節駆動システム

次に，各関節の局所フィードバック制御器のゲインの上限について考える．各関節を局所比例微分制御するときモータ発生トルク T_m は次のように与えられる．

$$T_m = K_p(\theta_{mr} - \theta_m) - K_d \dot{\theta}_m \tag{4.11}$$

ここで，θ_{mr} はモータの目標角度である．関節角度目標値 $\theta_r(=N\theta_{mr})$ から関節角度 θ_a までの，反共振周波数 $\omega_a(=\sqrt{k_j/J_a})$ におけるゲイン特性は次のように与えられる[24]．

$$\left|\frac{\theta_a(j\omega_a)}{\theta_r(j\omega_a)}\right| = \frac{K_p}{k_j N^2} = \frac{K_p/N^2}{k_j} \tag{4.12}$$

ここで，第3式の分子 K_p/N^2 は，比例フィードバック係数を関節側のゲインに換算したものである．上式からわかるように K_p/N^2 を大きくすると反共振周波数におけるゲインが大きくなり振動的になる．そこで，K_p/N^2 は駆動系の剛性 の1/2以下程度におさえるべきである．すなわち，歩行ロ

ボットの関節駆動系の機械的剛性を上げなければフィードバックゲインを上げることができない．

　産業用ロボットにおいては，運転時の振動および残留振動が大きな問題になっている．以上の議論からわかるように，歩行ロボットはリンクと弾力性を有する関節部が次々とつながれたものである．そこで，歩行ロボットにおいても，歩行が高速になるとこの振動問題が発生し，さらに，着地時の撃力は振動を励起する．この振動現象を避けるため，着地時の撃力が少ないように，腰部の上下動の少ない歩行パターンの採用および足底部への粘弾性要素の導入が行なわれている．

4.4　2足歩行システムの角運動量およびZMP

　本節では歩行制御において重要な指標となる歩行システムの角運動量およびゼロモーメント点(ZMP)について述べる．

4.4.1　歩行システムの角運動量

　歩行システムの支持脚足首まわりの角運動量は，角運動量保存則からわかるように，外部モーメントである支持脚足首トルクおよび重力モーメントによってのみ変化する．重力モーメントは，歩行システムの重心位置によって決まるが，重心位置は進行方向に向かって前進していくのが基本であり，制御入力としてはそれほど使うことができない．そこで，足首トルクが角運動量制御における主要な制御入力となる．ただし，人間の足底のように足首より後方の部分がほとんどない場合には，角運動量を増加させる側には足首トルクをほとんど用いることができず，減少させる側に用いられる．

　以上のことからわかるように，2足歩行システムにおける角運動量は安定した量であり，急に変化させることは困難である．また，歩行の停止は支持脚足首まわりの角運動量を零にして行なわれるなど，角運動量によって歩行の状態を知ることができる．そこで，角運動量を指標とした2足歩行ロボットの制御が提案され，歩行実験が行なわれた[25,26]．

4.4.2　ゼロモーメント点(ZMP)

　2足歩行ロボットにおいては，足底が浮き上がり一点支持になることは，制御が困難な回転運動に繋がるので一般に望ましくない．速度の非常に遅い

静歩行においては，歩行ロボットの重心から下ろした垂線と床との交点が足底の範囲内にあれば，足底は浮き上がることはない．

この概念を動歩行に拡張したものが，ゼロモーメント点(ZMP)である[1,2]．ZMP は，歩行ロボットに作用する慣性力と重力の合力 $F=[F_x, F_y, F_z]^T$ および合モーメント $T=[T_x, T_y, T_z]^T$ を考えることによって定義される．ただし，座標の原点は床面上にあり，z 軸は垂直軸とする．このとき，ZMP は $T_x=T_y=0$ となるような床面上($z=0$)の点($x_{ZMP}, y_{ZMP}, 0$)として定義される．

歩行系が質点の集合から成っているとして，ZMP を導く[27]．図 4.9 に示すように i 番目の質点の質量を m_i，位置をベクトル r_i で表すことにする．

$$r_i=[x_i, y_i, z_i]^T \qquad (4.13)$$

また，床面上の点 P をベクトル p で表すことにする．

$$p=[x_p, y_p, 0]^T \qquad (4.14)$$

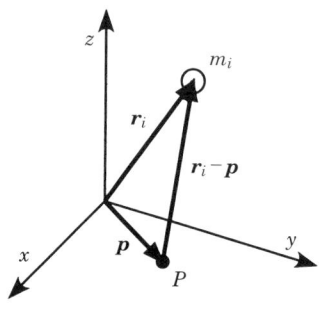

図 4.9 歩行系の一つの質点

点 P に関する歩行システム全体の全角運動量ベクトル L は，次のように表される．

$$L=\sum_i (r_i-p) \times m_i \frac{d}{dt}(r_i-p) \qquad (4.15)$$

点 P についての運動方程式はダランベールの原理より次のように与えられる．

$$\frac{dL}{dt}+\sum_i (r_i-p) \times m_i g + T = 0 \qquad (4.16)$$

ここで，g は重力ベクトルであり，T は歩行系より床面に作用するモーメントベクトルである．

$$g=[0, 0, g]^T, \quad T=[T_x, T_y, T_z]^T \qquad (4.17)$$

式(4.15)，(4.16)より点 P に関する運動方程式は次のように与えられる．

$$\sum_i (\boldsymbol{r}_i - \boldsymbol{p}) \times m_i \left\{ \left(\frac{d^2 \boldsymbol{r}_i}{dt^2} + \boldsymbol{g} \right) - \frac{d^2 \boldsymbol{p}}{dt^2} \right\} + \boldsymbol{T} = 0 \quad (4.18)$$

床面は移動しないので，$\frac{d^2 \boldsymbol{p}}{dt^2} = 0$ である．上式より T_x, T_y, T_z は次のように与えられる．

$$T_x = \sum_i m_i(\ddot{z}_i + g)y_p - \left\{ \sum_i m_i(\ddot{z}_i + g)y_i - \sum_i m_i \ddot{y}_i z_i \right\} \quad (4.19)$$

$$T_y = \sum_i m_i(\ddot{z}_i + g)x_p - \left\{ \sum_i m_i \ddot{x}_i z_i - \sum_i m_i(\ddot{z}_i + g)x_i \right\} \quad (4.20)$$

$$T_z = \sum_i m_i \ddot{y}_i x_p - \sum_i m_i \ddot{x}_i y_p - \left(\sum_i m_i \ddot{y}_i x_i - \sum_i m_i \ddot{x}_i y_i \right) \quad (4.21)$$

ZMP は，$T_z = T_y = 0$ となる床面上の点と定義されるので，式(4.19)および式(4.20)より，次のように与えられる．

$$x_{\text{XMP}} = \frac{\sum_i m_i(\ddot{z}_i + g)x_i - \sum_i m_i \ddot{x}_i z_i}{\sum_i m_i(\ddot{z}_i + g)} \quad (4.22)$$

$$y_{\text{XMP}} = \frac{\sum_i m_i(\ddot{z}_i + g)y_i - \sum_i m_i \ddot{y}_i z_i}{\sum_i m_i(\ddot{z}_i + g)} \quad (4.23)$$

ロボットに働く慣性力および重力によって床反力が生じる．垂直床反力の分布を図 4.10 に示す．垂直床反力の合力 R_z の作用点は床反力中心と呼ばれ，ZMP と一致する．単脚支持期には，ZMP は支持している脚の足底のどこかにある．ZMP が足底の中心部から足底の縁まで移動すると，それより外に ZMP が出ることはない．このとき足底は，その縁を支持点として浮

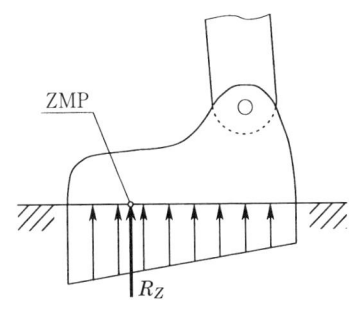

図 4.10 床反力垂直成分の分布および ZMP

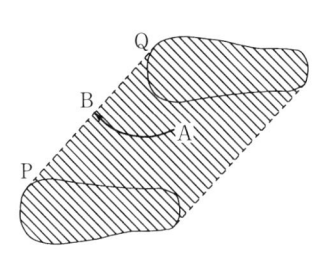

図 4.11 両脚支持期における ZMP の移動可能範囲

き上がり，この支持点がZMPとなる．

　両脚支持期におけるZMPの移動範囲を図4.11に示す．ZMPが図中に矢印で示すようにAからBまで移動したとする．このとき，線分PQを回転軸として両脚の足底が浮き上がる．

4.4.3 ZMPの制御

　足底が浮き上がるのを確実に防ぐためには，図4.12に示すように足の縁より十分内側の範囲（図中の斜線で示す）をZMPが移動するように各関節を制御する必要がある．これは，各種の外乱や誤差によって起こる予測できない足底の浮き上がりを防ぐ上でも効果があり，また制御のマージンを残す上でも効果がある．同様に両脚支持期には，図4.11に示すZMPの移動可能範囲の十分内側をZMPが移動するように制御する必要がある．

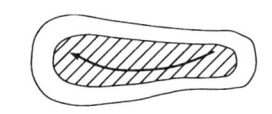

図4.12　足底の浮き上がりを防ぐためのZMPの許容範囲およびZMPの軌跡

　支持脚足首トルクによってZMPを制御することができる．例えば，角運動量を減らす方向に足首トルクを強く用いると，ZMPは爪先に移り，爪先支持となり，足底は浮き上がる．また，足首を自由回転状態とするとZMPは足首のほぼ真下にあり，足底が浮かび上がることはなくなる．

　Vukobratovićらは，ZMPの制御方法を次のように与えている[2]．ここでは，Sagittal平面内における制御のみについて考えるが，Lateral平面内における制御も同様に与えることができる．図4.13に示すように，垂直床反力R_zの作用点が，公称床反力中心($x=0$)から$\varDelta x$だけずれているという状況を考える．この公称床反力中心は目標ZMPでもある．モーメント$M_{ZMP}^x = R_z \cdot \varDelta x$は，歩行システム全体挙動に関する一つの評価指標を与える．

　任意に選んだ関節kを用いて，R_zの作用点を修正することを考える．図4.13の(a)は腰関節を用いる場合であり，(b)は足首関節を用いる場合である．他の関節のサーボシステムのサーボ剛性は十分に高いものとする．関節kより上のリンク全体の質量をmとし，関節kまわりの慣性モーメントを

(a) 上体加速による
　　ZMP の移動

(b) 足首トルクによる
　　ZMP の移動

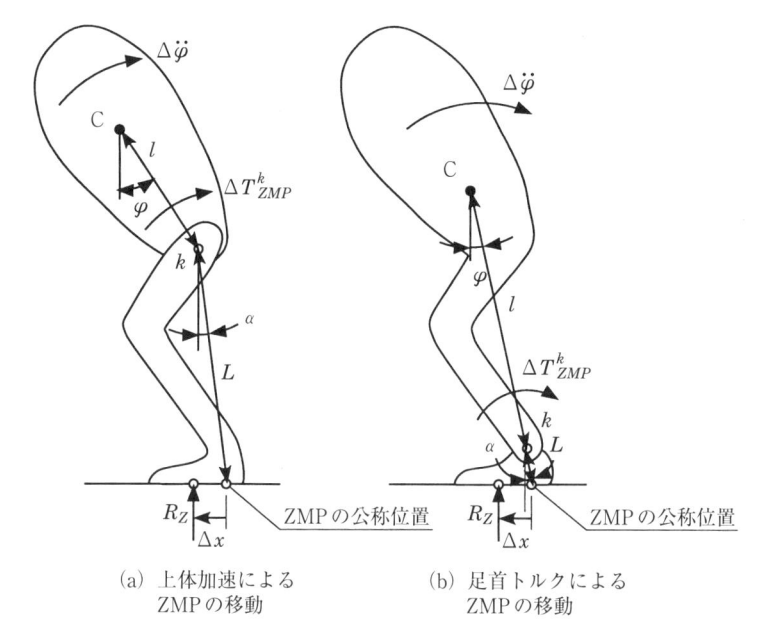

図 4.13　ZMP の制御

J_k とする．また，その質量中心を図中に C で表すことにする．

第 k 関節のトルクの公称値からの変化分を ΔT_{ZMP}^k とする．このとき，実床反力中心を公称床反力中心(目標 ZMP)に移動させる第 k 関節のトルクの変化分 ΔT_{ZMP}^k は，次のように与えられる．

$$\Delta T_{ZMP}^k = \frac{M_{ZMP}^x}{1 + \frac{mlL\cos\varphi\cos\alpha}{J_k} + \frac{mlL\sin\varphi\sin\alpha}{J_k}} \tag{4.24}$$

図 4.13 に l, L, φ, α の定義を示す．

これを実際の歩行ロボットで行なう際には，減速機における摩擦等の不確定要素の影響を低減するため次のような方法を取る必要がある．第 k 関節として，支持脚足首関節を用いた場合について考える．足首関節は局所的に位置制御が行なわれる．力センサにより床反力中心が計測され，この位置と公称床反力中心(目標 ZMP)との偏差を用いたフィードバック制御として，足首関節の目標軌道の補正が行なわれる．その結果，公称床反力中心に実床反力中心は追従する．

4.5 5リンク2足歩行ロボット

4.5.1 健脚1型の歩行

胴体，左右大腿部，左右臑部からなり，足部を持たない5リンクモデルは，2足歩行の本質をとらえた最小リンク数のモデルである．5リンク2足歩行システムが直立静止状態から歩行を開始する様子を図4.14に示す[16,17,28]．まず，片側の脚を持ち上げ遊脚として前方へ振り出す．このとき全体の重心は前方へ移行するため，重力によるモーメントの効果により徐々に前方への加速が起きる．

つぎに前方へ振り出された遊脚は，着地の少し前に目標角度に到達し，少し膝を曲げた状態で固定される．遊脚先端が着地すると同時に，支持脚の交換が行なわれ，今まで支持脚であった脚は遊脚となり前方に振り出される．遊脚を少し曲げて着地することは次の二つの効果を持つ．

(1) 遊脚着地時の衝撃を緩和する効果
(2) 支持脚の交換によって生じる角運動量の損失を補い，歩行の継続を可能とする効果

上記の(2)の効果は次のように説明される．図4.14の2歩目からわかるように，支持脚期の最初には曲がっていた支持脚膝は徐々に伸ばされ，2歩目の着地時まで完全に伸ばされる．これにより，重力による減速モーメントを受ける時間より加速モーメントを受ける時間が長くなる．そのため，2歩目のスタート時点の角運動量より，着地直前の角運動量の方が大きくなる．歩行が定常状態にはいると，この角運動量の増加と支持脚切り換え時の角運動量の損失が等しくなる．

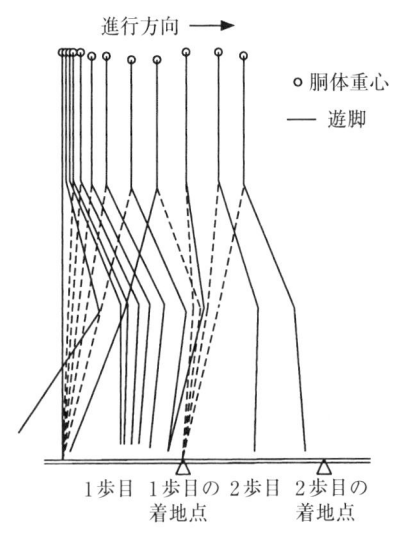

図 4.14 倒立振子モデル

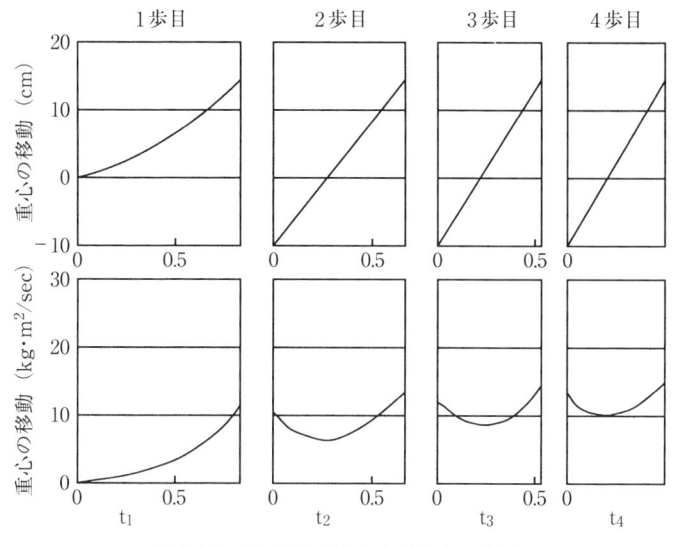

図4.15 角運動量変化および重心の移動

　以上のシミュレーションでは，4.3節で述べた運動方程式および衝突方程式を用いた．この歩行における着地点を基準とした重心移動および支持点まわりの角運動量の変化を図4.15に示す．図からわかるように，各ステップごとに角運動量は徐々に増加し，定常歩行へと入っていく．

　5リンクの2足歩行ロボット健脚1型を図4.16に示す．脚長64 [cm]，重さ約30 [kg] であり，4台のサーボモータで腰関節と膝関節が駆動される．左右の安定は脚の下部に横向きに取り付けられた金属パイプで保たれ，Sagittal平面内における歩行運動は，足底が点支持の歩行システムとしてモデル化される．

　このロボットで1歩約0.45秒，歩行速度0.8 [m/s] のダイナミックな歩行を実現した[16,17]．各関節の制御方式は次に示す比例・微分制御方式を採用した．

$$T_j = K_{pj}(\varphi_{rj} - \varphi_j) - K_{dj}\dot{\varphi}_j \tag{4.25}$$

ここで，

　　　φ_j：第 j 関節曲げ角

　　　T_j：第 j 関節トルク

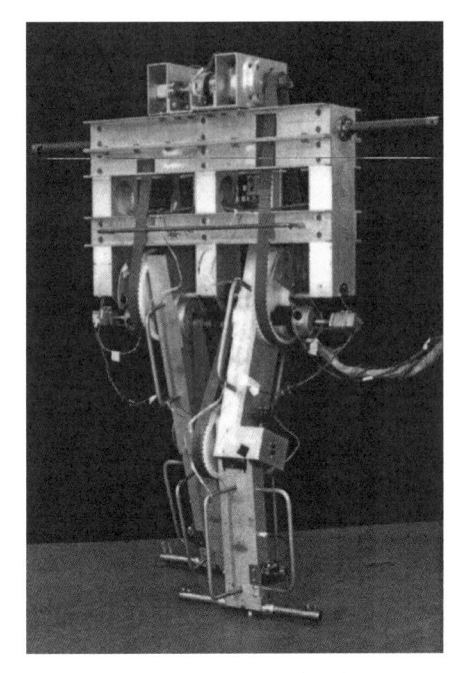

図 4.16 健脚 1 型 (4 自由度)

φ_{rj}：第 j 関節曲げ角目標値
K_{pj}：第 j 関節制御器比例ゲイン
K_{dj}：第 j 関節制御器微分ゲイン

各関節の曲げ角目標値は，図 4.14 のシミュレーションに示すように与えた．すなわち，1 歩目は直立静止状態から遊脚を前方に振り出すことによって開始し，2 歩目以降は同じ目標角を繰り返し与えた．この制御方式を用いて，歩行実験においても安定な歩行を実現した．

4.5.2 生物の歩行との比較

脊髄動物の運動制御の下位レベル制御において，図 4.17 に示す筋制御システムを持つ．図中の筋紡錘は，筋肉の長さとその変化(速度)を検出する一種のセンサであり，その感度は γ 線維によって変えられる．すなわち，一種の可変ゲインの比例・微分フィードバック制御が行なわれている[29,30]．さらに，フィードバック制御以外にもフィードフォワード制御の存在も指摘さ

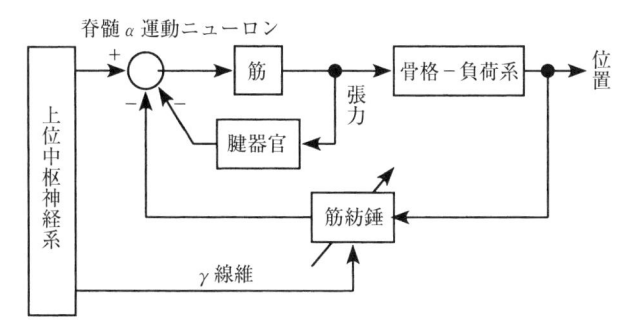

図 4.17 筋制御系

れており，これらが状況に応じて適切に組み合わされていると考えられる．

人間の歩行運動においても上述のようなフィードバック制御の存在が指摘されている[13]．また，動物の歩行，走行制御システムにおいてパターンジェネレータの存在の可能性が指摘されている[15]．前述の5リンク2足歩行ロボットの歩行実験においては，各関節ごとに局所的にフィードバックが行なわれ，その目標値として同じ目標パターンを繰り返し与えることにより安定な歩行が実現された．このように，各ステップについては倒立振子としての不安定を繰り返しながら，全体としては安定なリミットサイクルを形成することが歩行制御にとって重要となる．

4.6 倒立振子モデルによる解析

4.6.1 足部を持たない倒立振子モデル

4.5.1項の健脚1型の歩行は，支持が点支持となっている歩行であり，足首トルクを使用しない歩行である．また，人間がしばしば行なう爪先立ちの歩行や，竹馬による歩行も点支持の歩行である．このタイプの歩行を図4.18，図4.19の倒立振子モデルを用いて解析する．

図4.18に示す集中質量 m を持つ倒立振子を考え，支持脚切換直後の速度を v_a とする．着地時には曲げていた膝を，支持脚期に伸ばす効果は，倒立振子の長さが l_1 から l_2 に伸びることで表される．倒立振子は角度 φ の位置で短時間に伸ばされるものとする．

a点における速度 v_a とb点における速度 v_b の関係はエネルギ保存則より

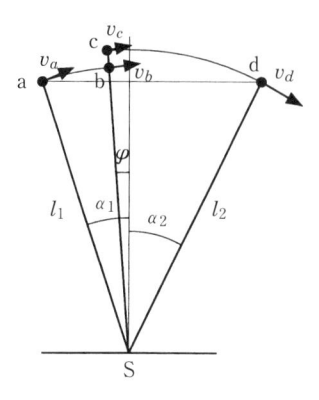

図4.18 倒立振子モデル1　　　図4.19 倒立振子モデル2

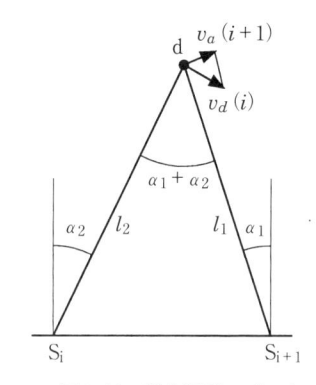

次のように与えられる.

$$\frac{1}{2}mv_a^2 = mg(l_1\cos\varphi - l_1\cos\alpha_1) + \frac{1}{2}mv_b^2 \tag{4.26}$$

また，b点における速度v_bとc点における速度v_cの関係は角運動量保存則より次のように与えられる.

$$ml_1 v_b = ml_2 v_c \tag{4.27}$$

倒立振子がα_2の角度まで倒れたとき，支持脚の交換が行なわれる．定常歩行を実現するためには，各ステップの最初と最後における質点の高さは等しい必要がある．すなわち，

$$l_1\cos\alpha_1 = l_2\cos\alpha_2 \tag{4.28}$$

エネルギ保存則より，v_cとv_dの関係は次のように与えられる.

$$\frac{1}{2}mv_c^2 = mg(l_2\cos\varphi - l_2\cos\alpha_2) + \frac{1}{2}mv_d^2 \tag{4.29}$$

式(4.26)から式(4.29)より，v_dとv_aの関係は次のように与えられる.

$$\frac{1}{2}mv_d^2 = \frac{1}{2}mv_a^2\left(\frac{l_1}{l_2}\right)^2 + mgl_2 w \tag{4.30}$$

ここで，

$$w = \cos\varphi\left\{1 - \left(\frac{l_1}{l_2}\right)^3\right\} - \cos\alpha_2\left\{1 - \left(\frac{l_1}{l_2}\right)^2\right\} \tag{4.31}$$

式(4.31)から次のことがわかる.
(1) $\cos\varphi = \cos(-\varphi)$ であるため,最終速度 v_d は,φ の符号に影響されない.
(2) $\varphi < \alpha_2$ および $l_1 < l_2$ である.そこで,w は常に正となる.

次に図4.19を用いて支持脚の交換について考える.S_i は i 歩目の支持点であり,S_{i+1} は $i+1$ 歩目の支持点である.また,$v_d(i)$ は i 歩目の最終速度であり,$v_a(i+1)$ は $i+1$ 歩目の初期速度である.角運動量保存則より,$v_a(i+1)$ と $v_d(i)$ の関係は次のように与えられる.

$$v_a(i+1) = \cos(\alpha_1 + \alpha_2) v_d(i) \tag{4.32}$$

i 歩目の初期角運動量を $P_a(i)$ で表すことにする.すなわち,

$$P_a(i) = m v_a(i) l_1 \tag{4.33}$$

式(4.30),(4.32),(4.33)より,i 歩目の初期角運動量と $i+1$ 歩目の初期角運動量の関係は次のように与えられる.

$$P_a^2(i+1) = \lambda P_a^2(i) + \mu \tag{4.34}$$

ここで,

$$\lambda = \frac{l_1}{l_2} \cos(\alpha_1 + \alpha_2) \tag{4.35}$$

$$\mu = 2m^2 l_1^2 l_2 g \cos^2(\alpha_1 + \alpha_2) w \tag{4.36}$$

式(4.33)の解は,次のように与えられる.

$$P_a^2(i) = \lambda^{i-1} P_a^2(1) + \sum_{j=1}^{i-1} \lambda^{i-1} \mu \tag{4.37}$$

$l_1 < l_2$,$\cos(\alpha_1 + \alpha_2) < 1$ なので,λ は常に1より小さい.すなわち,以上の歩行を離散時間システムとして考えると,安定なシステムと言える.角運動量が最終的に収束する先 $\overline{P_a^2}$ は,式(4.34)からわかるように次式で与えられる.

$$\overline{P_a^2} = \frac{\mu}{1-\lambda} \tag{4.38}$$

$l_1 = 1.3$ [m],$l_2 = 1.32$ [m],$m = 50$ [kg] とした場合のシミュレーション結果を図4.20に示す.ステップ数 i が進むにつれて,各ステップの初期速度 $v_a(i)$ は定常速度 $\overline{v_a}$ に収束している.また,図からわかるように,歩

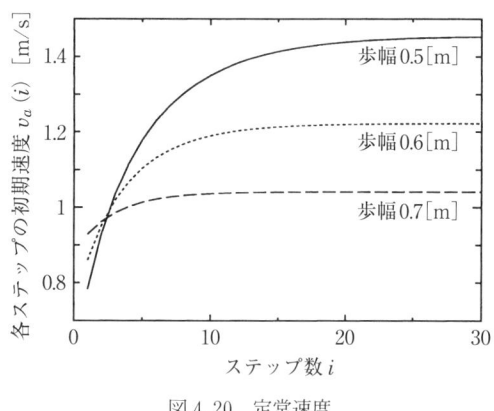

図 4.20 定常速度

幅が広いほど λ が小さくなり，速く定常速度に収束している．

4.6.2 足部を持つ倒立振子モデル

次に足部を持つ歩行ロボットについて考える．足部を持つロボットにおける蹴り動作なしと蹴り動作ありの歩行を図 4.21 に示す[10]．図 4.21(a) に示す蹴り動作なしの歩行では，回転中心が足首のみとなっているため，各ステップにおける最終の速度ベクトルの下向き成分が大きくなっており，その結果支持脚切り換え時における角運動量損失が大きくなる．一方，図 4.21(b) に示す単脚支持期に蹴り動作のある歩行では，足首回転から爪先回転へと移行するため，各ステップの最終の速度ベクトルはほぼ水平となり，支持脚切り換え時の角運動量損失は小さなものとなる．

図 4.22 に示す倒立モデルを用いて，図 4.21(a) の蹴り動作なしの歩行と (b) の蹴り動作ありの歩行を解析する[10]．蹴り動作なし歩行では足首である

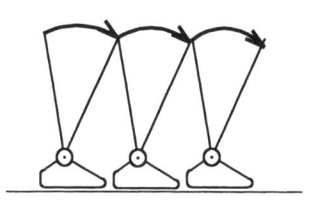

(a) 蹴り動作なしの歩行　　　　(b) 蹴り動作ありの歩行

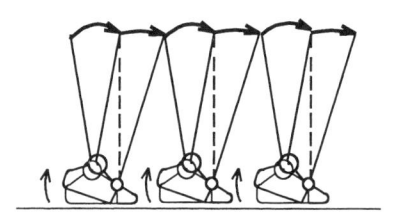

図 4.21 蹴り動作の役割

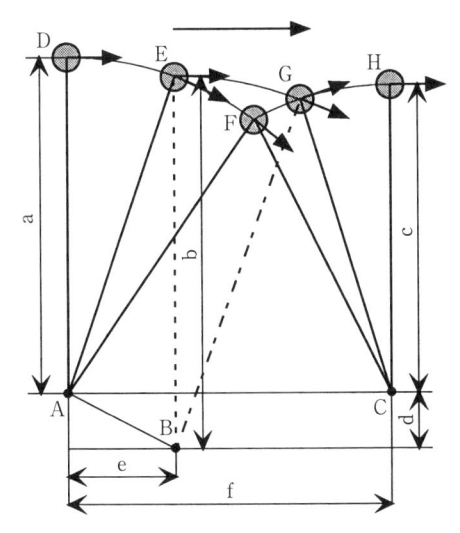

図 4.22　倒立振子モデル

A 点まわりに前進運動を行ない，F 点まで倒立振子が倒れたところで，支持脚の切り換えが起こり，次のステップの支持脚足首である C 点まわりに倒立振子としての運動を行なう．このとき足首トルクは常に零とした．H 点まできたところで，膝が伸ばされ倒立振子長は c から a となる．

図 4.21(b) に示す蹴り動作のある歩行では，胴体部が支持脚足首の真上に来るまでは，足首トルクを零にする．これは，この時期は重力により歩行速度が減速する時期であるが，足首より後方の足底部は小さいため足首トルクによる加速は困難であるため足首トルクは零とする．胴体部が支持脚足首の真上にきたとき足首部にブレーキトルクをかけ足首の回転を停止する．それに伴い足底は浮き上がり B 点を中心とし爪先回転の蹴り状態へと移行する．その結果 E 点における速度ベクトルはほぼ水平となり，G 点で支持脚交換を行なうまで B 点まわりの回転運動を続ける．支持脚交換後は C 点まわりで回転運動を行なう．

以上で述べた蹴りのない歩行 (D → F → H → D) と蹴りのある歩行 (D → E → G → H → D) を角運動量を用いて比較する．i 歩目における最小角運動量 $L_{min}(i)$ を用いて解析を行なう．ただし，質量中心が足首の真上にきたとき角運動量は最小になるので，この角運動量を最小角運動量と呼ぶ．ただ

図 4.23　$L_{min}(i)$と$L_{min}(i+1)$の比較

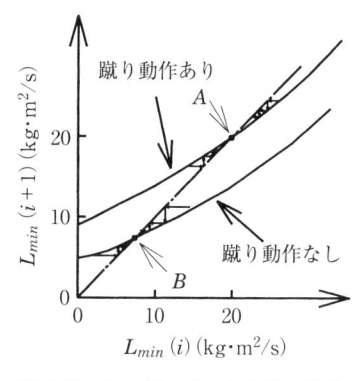

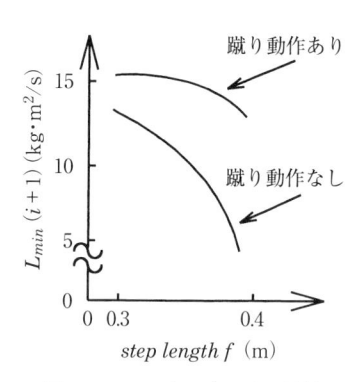

図 4.24　$L_{min}(i+1)$とfの比較

し，$V_D=0.5$ [m/s]，$a=0.6$ [m]，$b=0.672$ [m]，$c=0.587$ [m]，$f=0.380$ [m] としてシミュレーションを行なった．

図 4.23 には，i 歩目の最小角運動量と $i+1$ 歩目の最小角運動量の関係を示す．図からわかるように蹴り動作がない場合には B 点に収束し，蹴り動作がある場合には A 点に収束している．図から定常歩行に入ったときの歩行速度は蹴り動作がある場合の方が速いことがわかる．一方，定常歩行への収束は，蹴り動作なしのほうが速いことがわかる．

図 4.24 は，i 歩目の最小角運動量 $L_{min}(i)$ が 12.1 [kg·m²/s] の場合，歩幅 f によって $i+1$ 歩目の最小角運動量がどのように変化するかを表している．図からわかるように，蹴り動作のない場合には，歩幅が増加するとともに $i+1$ 歩目の最小角運動量が急速に減少している．すなわち，歩幅の大きな歩行では，蹴り動作が重要になることがわかる．

4.7　パッシブ (受動) 歩行ロボット

踵着地の効果について次に考える．歩行における回転中心の変化は，図 4.25 に示す(a)，(b)，(c)の順に行なわれる．最初に図 4.25(a)に示す踵からの着地が行なわれ，踵を中心とした回転運動が行なわれる．次に足底の接地とともに，足首まわりの回転運動となり，ZMP が爪先まで移行すると爪先まわりの回転となる．踵着地は，着地時の衝撃を低減する効果も持つが，一歩の間に回転中心を徐々に前進させるという効果も持つ．本節で示す円弧

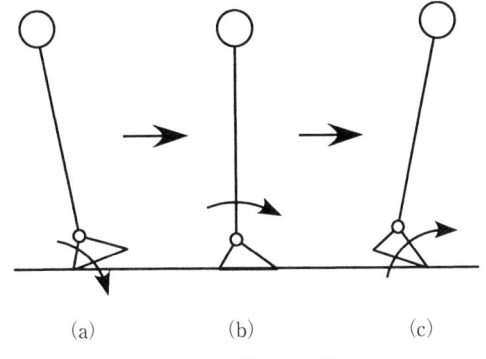

図 4.25　回転中心の変化

型の足底を持つロボットによる歩行は，これを極限まで進めたものであり，高いエネルギ効率を持つ．

　歩行現象に対する理解の一つとして，足底を円弧の一部と考える考え方がある[31]．質量のない脚を持ち，足底が円弧の一部となっている2足歩行システムを図4.26に示す．この歩行システムでは，その中心に質量を持つ円筒が平面上を転がるように歩行が行なわれる．図中に実線で示す脚が支持脚であり，破線で示す脚が遊脚である．この円弧状足底型歩行では，ZMPは一定速度で前方へ移動する．

　前述の倒立振子型歩行では，脚を伸ばす際にエネルギーが消費され，また歩行速度も周期的に変動する．一方，この歩行では，歩行速度の変動はなく，脚長は一定であるためエネルギーの消費もない．

　足底が円弧状となったアクチュエータを持たないパッシブ歩行ロボットが開発された．アクチュエータを用いないパッシブウォークは，エネルギ消費の少ない歩行の検討や，2足歩行の本質を解明する上で大きな意味を持つ．そこでパッシブ歩行ロボットに関する多くの研究が行なわれている[31~33]．図4.27にMcGeerの開発したパッシブ歩行ロボットを示す[31]．この歩行ロボットの足底は円弧になっており，速度変動およびエネルギの消費を低減している．さらに，遊脚は振り子として前方へ振り出され，膝は伸びきったところでロックされる．エネルギの供給は数度の緩やかなスロープを利用することによって行なわれる．

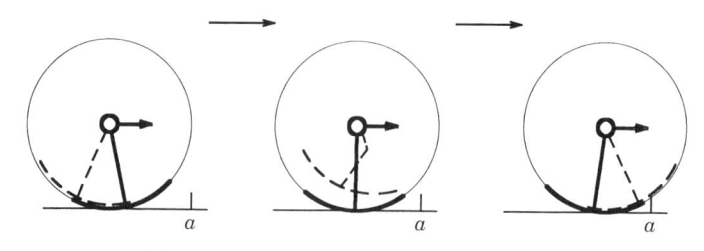

図 4.26　ZMP 連続移動型歩行(円弧状足底型)

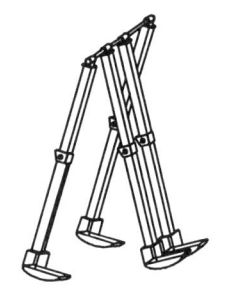

図 4.27　パッシブ歩行ロボット

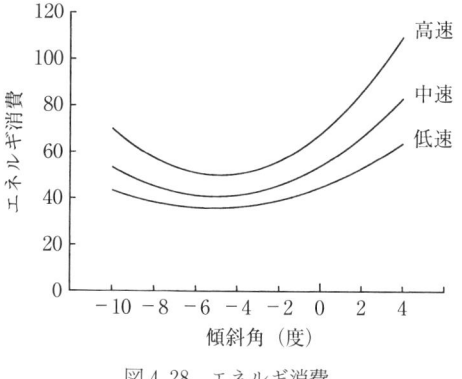

図 4.28　エネルギ消費

人間の歩行において，歩行速度および歩行路の傾斜角とエネルギ消費の間には図 4.28 に示すような関係がある[5]．図からわかるように，歩行速度が速くなるほどエネルギ消費は増加する．また，水平面よりも数度の下り坂でエネルギー消費が最小となる．この歩行状態では，歩行ロボットのパッシブウォークに近いものとなっており，エネルギの節減がなされていると考えられる．また，バイオメカニズムの立場から，人間の歩行における関節受動抵抗の意味について検討が行なわれている[34]．

モータおよび減速機によって駆動される歩行ロボットにおいては，モータへの印加電流を零としても，関節側からモータをバックドライブするには大きな力を要し，関節トルク零の自由回転状態を実現できない．このようなシステムで，生物の歩行におけるように，遊脚を振り子のようにエネルギをそれほど消費することなく前方へ振り出すことは困難である．しかし，パッシブウォークは，一つの理想の歩行であり，歩行ロボット

のエネルギ消費を低減するためにも，常に考慮しておくべき歩行様式である．

4.8 歩行制御の方策

4.8.1 着地制御

着地制御は，歩行にとって大きな制御要因である．着地時の制御は次の三つからなる．

(1) 着地点制御(歩幅制御)

歩幅は歩行の状態を決定する最大の要因である．歩行の制御においては，例えば，後方から押されて定常的な速度より速くなってしまった場合，着地点を少し前にすることにより，歩幅を少し伸ばして減速動作を行なう．一方，飛び石の上を歩く際のように，あらかじめ決められた着地点に着地しなければならない歩行においては，歩幅は自由に決定することはできず，制御入力とはできない．このようなときには，他の制御入力を用いて歩行を制御する．

(2) 着地時の重心位置による制御(重心位置制御)

同じ歩幅の歩行でも，遊脚を前方に大きく振り出して着地する歩行と，遊脚を少し振り出した状態で着地する歩行とでは，歩行の現象がかなり異なる．前者の歩行では，着地時に着地点より重心位置が大幅に後方となるため，次のステップにおける減速が大きくなる．一方，後者の歩行においては，着地時に着地点の近くに重心があるため，次のステップにおける重力モーメントによる減速が小さくなる．

(3) 着地外形および着地速度制御

4.3.1項の議論からわかるように，着地後の各リンクの角速度は，着地直前の着地外形および各リンクの角速度によって変化する．例えば，支持脚足首で蹴りを行なうことにより，胴体部の下降速度を低減すれば，支持脚切り換え時の角運動量損失が減少する(4.6.2項参照)．

4.8.2 足首トルクによる制御

2足歩行システムは，重力場に逆らって立っているため，倒立振子としてモデル化できる．本項および次項では，図4.29から図4.31に示す3種の倒

立振子モデルを用いて，歩行制御について考える．

図 4.29(b) に示す倒立振子は，歩行システムの支持脚足首トルクの効果を考慮した倒立振子モデルである．支持点が一点となっている竹馬でも歩行ができ，また爪先立ちや踵支持でも歩行ができることからわかるように，歩行にこのトルクは必ずしも必要ではない．人間の足底の左右の幅は狭いため，左右方向の安定化に足首トルクを用いることは難しく，大きな足首トルクを作用させると足底が浮き上がってしまう．歩行ロボットにおいて，足首トルクは次のような使い方をされる．

(1) ZMP(ゼロモーメント点)の制御(4.4.3項参照)
(2) 単脚支持期において支持脚足首の回転を止める側にトルクを作用させると，足底が浮き上がって爪先まわりの回転へと移行する．これは，4.6.2項で述べたように歩行を滑らかにする上で重要な効果を持つ．
(3) 両脚支持期において，後脚の足首トルクによる蹴り動作に用いる．
(4) 踵から着地する歩行において，足首トルクを制御することによってダンパを形成し，着地時の衝撃を吸収する．

4.8.3 遊脚の振りおよび上体の運動による制御

図 4.30 は遊脚の振りを考慮した倒立振子モデルである．この図の(b)のモデルでは，遊脚の振りは，倒立振子に取り付けたレール上の質量の移動に対応する．

例えば，直立静止状態すなわち支持点まわりの角運動量が 0 の状態から急

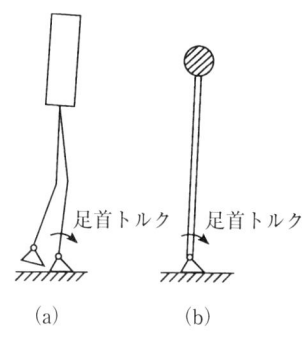

図 4.29 足首トルクを考慮する倒立振子モデル

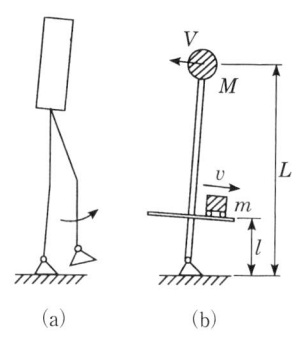

図 4.30 遊脚の振りを考慮する倒立振子モデル

速に移動質量がレール上を右側に動いたとする．このとき足首トルクは 0 とし，急速に加速したため重力の影響はほとんど無視できるものとする．このとき，角運動量保存則からわかるように支持点まわりの全システムの角運動量は 0 のままである．すなわち

$$MVL = mvl \tag{4.39}$$

ただし，v はレールに対する相対的な速度ではなく絶対的な速度である．その結果倒立振子上部の左側への移動速度 V と比べて移動質量の右側への速度 v はずっと大きくなる．そのため，全体の重心は $m(L-l)v/\{(M+m)L\}$ の速度で右側に移動する．重力により右回りのモーメントを受け，倒立振子は徐々に右側へ向かって倒れる．すなわち前進を始める．

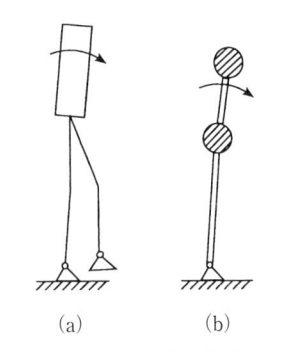

図 4.31 腰の曲げを考慮する倒立振子モデル

人間が直立静止状態から歩行を開始する状態を考える．このとき，足首より後方の足底部分は小さいため足首トルクによる加速はほとんどできない．代わりに一方の脚を持ち上げ前方へ振り出すと，上述の現象が起こり滑らかに歩行が開始できる．

図 4.31 は，腰の曲げを考慮した倒立振子モデルである．上体を傾ける効果がこのモデルを用いて説明できる．直立静止状態から腰を回転し上体を少し後傾させると，遊脚の振りを考慮する倒立振子モデルの場合と同様に，システム全体の重心は支持点より前方へ移動する．その結果足首トルクを使うことなしに前方へ倒れ，前進を開始することができる．

図 4.30 および図 4.31 のモデルにおいては，下部の支持点を自由回転としても，遊脚の振りあるいは腰のトルクを制御することによって安定な倒立が可能である．この効果は Sagittal 平面(進行方向を含む床面に垂直な面)においても使われるが，Lateral 平面(進行方向に垂直な面)における歩行制御にも使われる．

以上のように，足首のトルク，遊脚の振りおよび腰の曲げによって，歩行システムの倒立振子としての挙動を制御することができる．しかし，遊脚の

振りは本来次の着地点に脚を動かすものであり，姿勢制御のためにそれほど変えることはできない．

4.9 歩行ロボット

4.9.1 BLR-G3の歩行

いっぱいに入ったコーヒーカップの湯をこぼさないように，そっと歩く際などには，人間は図4.32のように膝を曲げ腰の上下動の少ない歩行を行なう[35]．この歩行では胴体部の上下動が少ないため支持脚交換時の衝撃が小さい．しかし，この歩行では常に膝を曲げているため，膝を駆動するアクチュエータの負荷が大きくなる．現在開発が進んでいる多くのヒューマノイド型の歩行ロボットにおいては，このタイプの歩行が採用されている．

人間の通常の歩行では，遊脚着地時には膝を少し曲げて着地し，次にその後膝を伸ばし，一歩の後半では膝は伸びた状態となる(図4.33参照)．図4.32の歩行では，着地後膝はさらに曲げられ，支持脚足首の直上に胴体がきた時点で膝の曲げ角が最大となるのと比べ対照的である．人間の通常の歩行では，大きく膝を曲げた状態で体重を支えることを避け，エネルギ消費の低減を図っていると考えられる．

筆者らの研究室で開発した2足歩行ロボットBLR-G3を図4.34に示す．BLR-G3は，腰にピッチ軸まわりの自由度，膝にピッチ軸まわりの自由度，足首にピッチ軸およびロール軸まわりの自由度を持っており，さらに爪先にピッチ軸まわりの自由度を持っている．8自由度を持つBLR-G2 [26,36,37]に爪先の自由度を付加したロボットであり，合計10自由度を持つ．BLR-G3は重さ27.5 [kg]，全高1.02 [m] である．

各関節はDCサーボモータで駆動され，センサとして傾斜角センサ，速度センサ，ロータリーエンコーダ，足首トルクセンサ，足底圧センサを持つ．BLR-G2およびBLR-G3の制御システムを図4.35に示す．制御システムは，下位レベルにおける局所フィードバック制御と上位レベルにおけるモデルを用いた目標信号の発生部からなる．

Sagittal平面内の運動制御とLateral平面内の運動制御は同期を取りながら行なわれる．Lateral平面内の運動は左右に傾く倒立振子として制御され

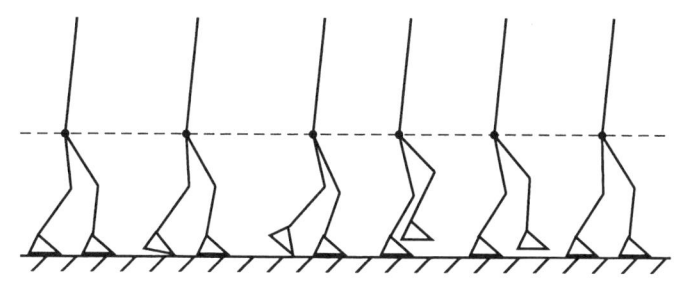

図 4.32　腰の上下動の少ない膝を曲げた歩行

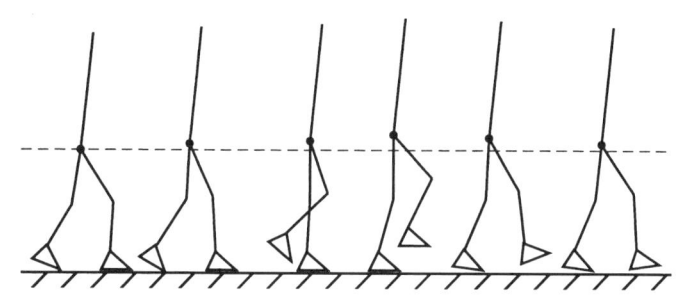

図 4.33　腰の上下動がある足首を中心とした円弧軌道の歩行

る．足首のロール軸を駆動するシステムでは，下位レベルの制御として足底圧センサを用いた力制御が行なわれる．これにより駆動系の摩擦の影響が低減される．上位レベルでは，傾斜角センサから得られる傾斜角および角速度情報を用いて，最適レギュレータにより必要トルクが決定される．この値は，下位レベルの局所力フィードバック制御器の目標トルクとなる．

BLR-G3は，図4.33に示す支持脚膝を伸ばした動歩行を実現した．単脚支持期において蹴り動作を行ない，その結果支持脚足底は浮き上がり，爪先回転となるが，これは人間の通常の歩行でも見られ，4.6.2項でも述べたように歩行を滑らかにする上で非常に重要である．

Sagittal 平面内の制御は図4.36に示すように行なわれた．すなわち，各関節における局所フィードバック制御として位置制御とトルク制御が行なわれた．位置制御期への目標値は上位の目標信号発生器から与えられた．

支持脚足首のトルクは，歩行ロボットシステム全体の角運動量あるいは胴体速度が目標値に追従するように制御された．ただし，足底が浮き上がらな

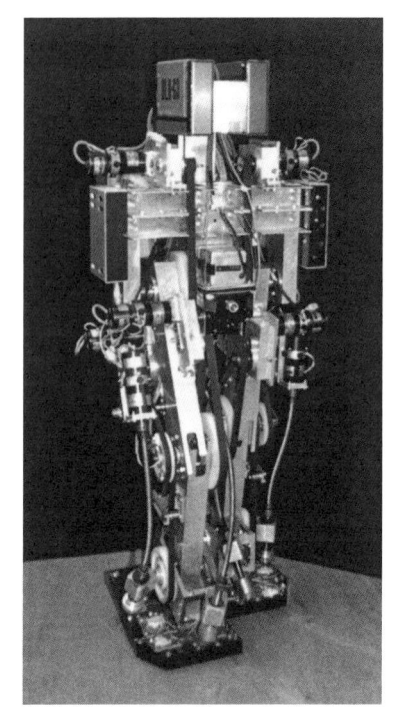

図 4.34 BLR-G3(10 自由度)

い範囲内で支持脚足首トルクは与えられた．胴体部が所定の位置まで進んだところで支持脚足首制御は位置制御モードとなり，足底が浮き上がり爪先回転相へと移行する．両脚支持期に全関節を位置制御すると足底の滑りなどが発生する．そこで，トルク制御モードを導入し，後脚の蹴りによって前進力を与えた．

歩行システムにおいては，脚を前方に振り出す速度が歩行速度を決定する．そこで，脚の慣性モーメントをできるだけ小さくするため，脚先端をできるだけ軽くする必要がある．BLR-G3では，足首ロール軸を駆動するモータは大腿部上部に取り付けられ，フレキシブルシャフトを介してロール軸を駆動した．また，足首ピッチ軸を駆動するモータも大腿部に取り付けられ，膝に取り付けられた中間段プーリを介して，減速機，ベルトおよびプーリよりなるシステムを用いて足首ピッチ軸を駆動した．

4.9 歩行ロボット　*135*

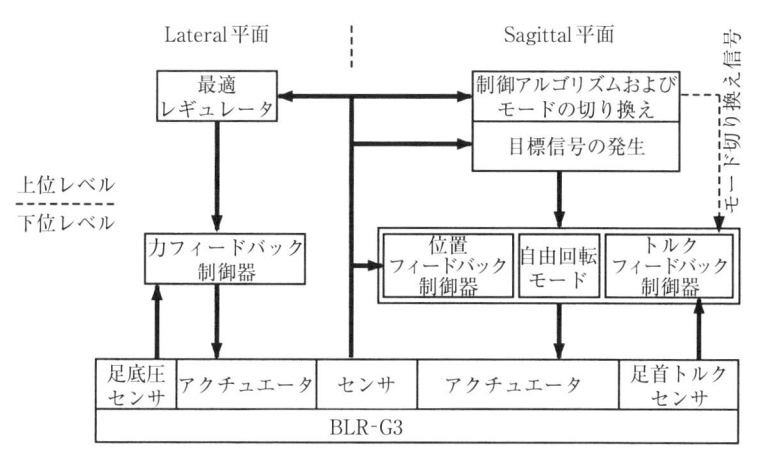

図 4.35　BLR-G3 の制御システム

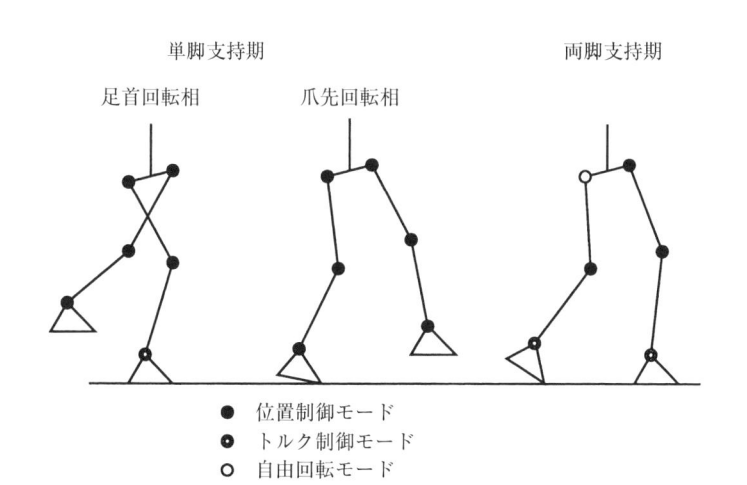

図 4.36　歩行モード

　歩行においては関節を自由回転状態にできた方が望ましい場合がしばしばある．すなわち，支持脚足首を自由回転として倒立振子的な運動をさせたり，遊脚を振子のように前方へ振り出すことによってエネルギ消費の少ない歩行を行なう場合などである．さらに，微妙なトルクの制御を要求される場合がある．そこで関節トルクセンサを用いて関節トルクを制御し，正確に関節トルクを発生させることを考えた．このとき，自由回転状態は関節トルク

制御系への目標トルクを0に設定することにより達成される．

筆者らは，ワイヤ駆動系に対して提案された張力差動形トルクセンサ[38]をベルト駆動系に拡張した．図4.37(a)は張力差動形トルクセンサの基本原理を示したものである．関節トルク T，プーリ半径 r，張力 T_1 および T_2 との間には次の関係式が成立する．

$$T = r(T_1 - T_2) \tag{4.40}$$

一方，ベルトガイド部には，ベルトの張力差に比例して力 f（図4.37(a)参照）が力検出部上端に作用する．力 f を検出するための力検出部を図4.37(b)に示す．力検出部には平行平板構造を採用した．このセンサの利点は，小型化が可能であること，および初期張力がセンサの構造内で完全にバランスし，関節にトルクが作用しない限りセンサ出力が現れないことなどである．

BLR-G2およびBLR-G3は，歩幅約0.3 [m]，平均歩行速度0.3 [m/s] の3次元動歩行を実現した．歩行の様子を図4.38に示す．

4.9.2 MELTRAN II の歩行

工業技術院機械技術研究所(現・産業技術総合研究所知能システム研究部門)で開発されたMeltran II(図4.39)では，線形倒立振子モードによる制御が行なわれた[39,40]．Meltran II は，各脚3自由度，全6自由度を持つ，高さ約40 [cm]，重さ4.7 [kg] の2足歩行ロボットである．脚は平行リンク

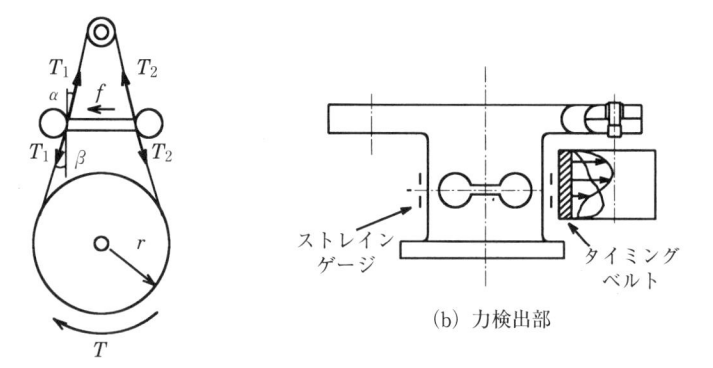

(a) 関節トルクの検出原理

(b) 力検出部

図4.37　ベルト駆動システム用トルクセンサ

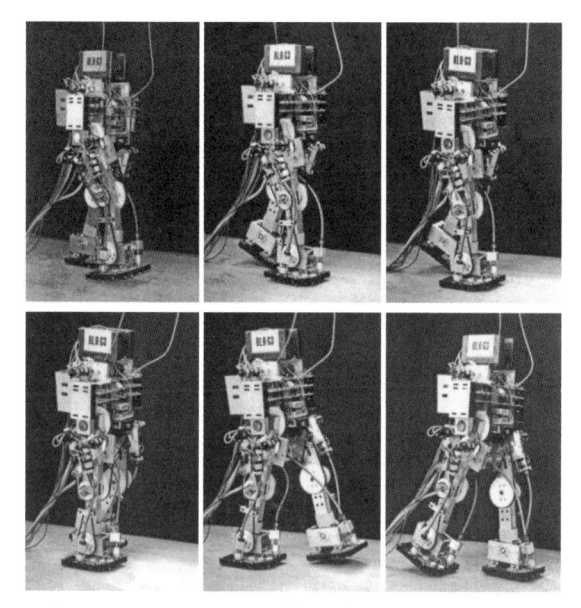

図 4.38 動歩行の連続写真

機構で構成され，胴体に配置された DC サーボモータにより駆動される．足首は膝付近に配置されたモータによって駆動され，脚の軽量化と胴体部への質量の集中化が行なわれている．

図 4.40 に示す可変長の倒立振子モデルを用いて，線形倒立振子モードの原理を説明する．このシステムは入力として支持点まわりのトルク u と脚の伸縮力 f を持つ．質点に作用する合力の水平方向成分 F_x と垂直方向成分 F_y は，次のように表される．

$$F_x = f \sin\theta = (x/r)f \tag{4.41}$$

$$F_y = f \cos\theta - mg = (y/r)f - mg \tag{4.42}$$

ただし，x, y は質量 m の質点の位置を示す．質点が直線運動をするためには，F_x, F_y を一定の比率 (k) に保つ必要がある．

$$F_x : F_y = 1 : k \tag{4.43}$$

式 (4.41)，(4.42)，(4.43) を f について解くと次式が得られる．

$$f = \frac{mgr}{y - kx} \tag{4.44}$$

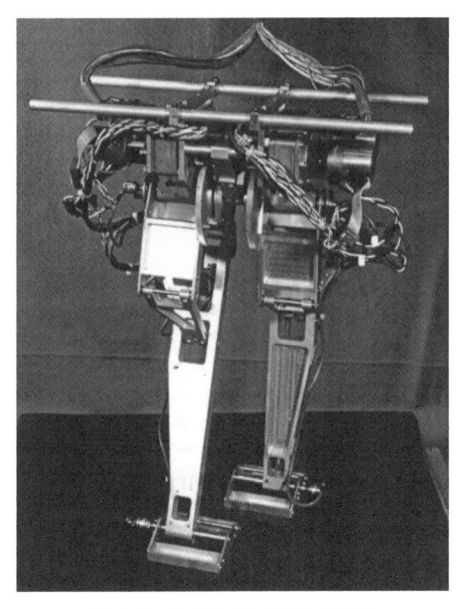

図 4.39 MELTRAN II の写真

この入力 f により質点が描く軌跡は次のようになる.

$$y = kx + y_c \tag{4.45}$$

上式の y 切片 y_c を用いると, f は次のように表される.

$$f = \left(\frac{mg}{y_c}\right) r \tag{4.46}$$

すなわち,脚長 r に比例した脚伸縮力 f を与えれば質量は直線運動を行なう.

$m\ddot{x} = F_x$ であるから,上式より次式が求められる.

$$\ddot{x} = \frac{g}{y_c} x \tag{4.47}$$

図 4.41 に, $k>0$ の軌道上を倒れていく倒立振子と, $k<0$ の軌道上を倒れていく倒立振子の運動を比較する.出発点は同じ $y=y_c$ である.図からわかるように,水平方向の運動については,どちらの倒立振子の運動も一致し,式(4.47)にしたがって運動する.梶田らはこの運動パターンを「線形倒立振子モード」と呼んでいる.

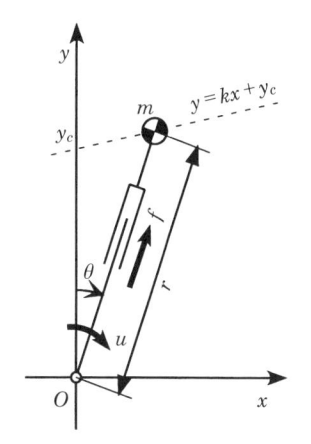

図 4.40　可変長倒立振子

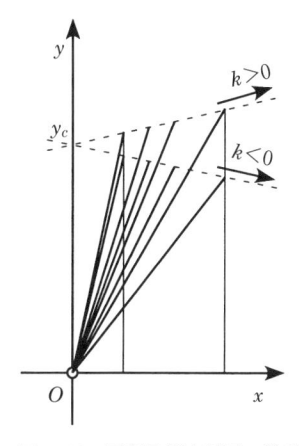

図 4.41　可変長倒立振子の挙動
（質点が直線軌道上を動く場合）

　図 4.42 に示すように，ロボットの歩行速度は，支持脚切り換えのタイミングを変化させて制御することができる．図 4.42(a) は，次の支持脚を遅めに着地した場合であり，次の一歩は早い運動となっている．図 4.42(b) は，次の支持脚を早めに着地した場合であるが，着地位置は図 4.42(a) の場合と同一である．この場合，支持脚切り換え時の速度が十分に速くなっておらず，次のステップでの歩行は遅い運動となっている．

　MELTRAN II を用いた歩行実験では，次のような制御を行なっている．遊脚の各関節には，独立な位置制御を行ない，足部の軌道を制御している．遊脚を前方へ振り出す運動を倒立振子モデルへの一種の外乱と考え，これまで自由回転としてきた支持脚の足首トルクを用いて，これを打ち消すことを考えている．以上の制御方式により，一歩 0.5〜1.0 秒，歩幅 10〜14 [cm] の歩行を実現している．

4.9.3　ホンダヒューマノイドロボット

　ホンダ技術研究所では，1986 年に 2 足歩行ロボットの研究を開始したが，その後 10 年間研究は公開されることはなかった．そして 1996 年 12 月に，二脚二腕の人間型ロボット P 2 を公開した（図 4.43 参照）．P 2 の脚は，股関節にピッチ軸，ロール軸，ヨー軸まわりの 3 自由度，膝関節にピッチ軸まわりの 1 自由度，足関節にピッチ軸，ロール軸まわりの 2 自由度，合計 6 自

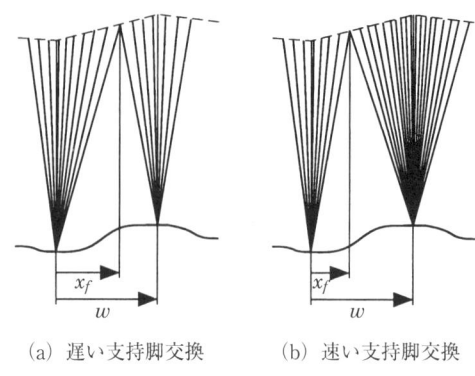

(a) 遅い支持脚交換　　(b) 速い支持脚交換

図 4.42　支持脚の交換時期による速度制御

由度を持っている．腕は手首に 3 自由度，肘に 1 自由度，そして肩関節に 3 自由度，合計 7 自由度を持っている．質量は 210 [kg] であり，全高は 182 [cm] である．胴体には，コンピュータ，バッテリ，センサ等を搭載し，自立型となっている．

その後，より小型・軽量の P 3，ASIMO が開発された．ASIMO の質量は 43 [kg] であり，身長は 120 [cm] である（図 4.44 参照）．

ここでは，ホンダ技術研究所が開発したヒューマノイドロボットの歩行システムとその制御について述べる[41〜43]．各関節はサーボモータおよびハーモニックドライブ減速機からなる駆動システムで駆動される．膝関節および足関節のピッチ軸まわりの自由度を駆動するサーボモータは，上方に取り付けられ，ベルト，プーリを介してハーモニックドライブ減速機の入力軸を駆動している．このように重量物をできるだけ上方に配置することにより，股関節まわりの脚の慣性モーメントをできるだけ小さくしている[18,19]．

P 2 の足部の構造を図 4.45 に示す．図からわかるように，ゴムブッシュとガイド部で構成された上下方向のコンプライアンス機構を持つ．また，足底にはスポンジを介して足底ゴムが貼られている．これらにより，着地時の衝撃が緩和される．さらに，足底の力制御ループのゲインを等価的に下げることになり，力制御ループの安定化にも寄与している．また，足部には 6 軸力センサが内蔵され，ZMP（ゼロモーメント点）を計測する．

歩行制御システムの概要を図 4.46 に示す[42]．歩行制御の最も下位レベル

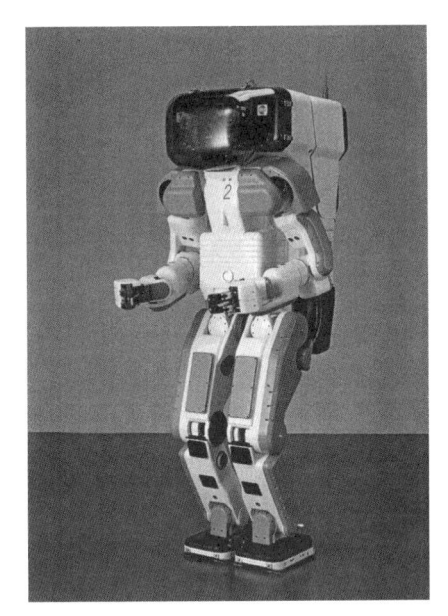

図 4.43 P2 の写真

にあり，その基礎をなすのは，各関節における関節角度制御である．駆動システムにおける摩擦等のため，モータへの供給電流を制御しても関節のトルクを制御することにはならない．そこで，力制御を行なう際にも関節角度制御をマイナーループ制御として行ない，マイナーループへの目標値を補正することにより間接的に力制御を行なっている．

ZMP 制御について図 4.46 を用いて説明する．目標歩行パターンにおける慣性力と重力の合計を目標総慣性力と呼ぶことにする．この目標総慣性力のモーメントが零となる床面上の点が目標 ZMP である．もし，ロボットが理想的に歩行している場合には，目標 ZMP と床反力中心は一致する．しかし，床面の未知な凹凸や不確定な要因により床反力の作用線と目標総慣性力の作用線がずれると，転倒力モーメントが発生する．転倒を防ぐため次のように制御が行なわれる．

(1) 床反力制御(図 4.46 参照)：全床反力中心点を目標 ZMP と一致させることが床反力制御の目的である．そのために足底の姿勢を制御することにより，全床反力中心点を変え目標 ZMP に近づける．全床反力中心点は足部

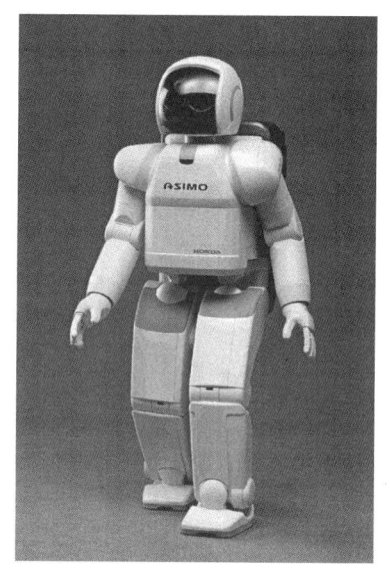

図 4.44　ASIMO の写真

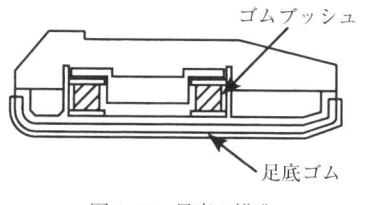

図 4.45　足底の構造

に取り付けた 6 軸力センサにより計測され，歩行面が平らでない場合にも，全床反力中心点を希望の位置に移動させ，姿勢の安定性を保持する．

(2) モデル ZMP 制御(図 4.46 参照)：ロボットが倒れそうになる，すなわちロボットの上体の姿勢とその目標値の差が大きくなると，目標上体軌道を変更して，姿勢を復元させる位置まで目標 ZMP をシフトすることが行なわれる．これによりロボットの姿勢が復元される．これをモデル ZMP 制御と呼ぶ．

(3) 着地位置制御(図 4.46 参照)モデル ZMP 制御により，目標上体軌道が変更されると，上体部に相対的な遊脚の位置・姿勢の目標値を変更する必要が生じる．この補正が着地位置制御である．

上記の(2)のモデル ZMP 制御は，次のように説明できる．例えば，ロボットの上体の姿勢が目標の姿勢より大きく離れ，モデルの上体よりも前傾し

4.9 歩行ロボット　143

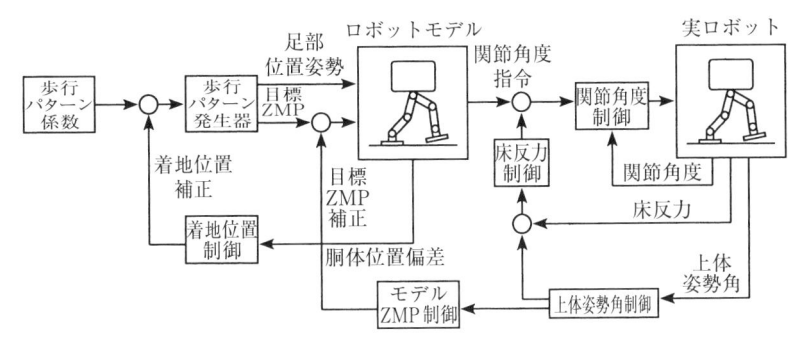

図 4.46　P2 の歩行制御システム

たとする．このとき，目標上体位置を前方に強く加速するように与える．この結果，目標慣性力の大きさが変わり，目標 ZMP は元の目標 ZMP より後方に移動する．これにより，図 4.47 に示す転倒モーメントと逆のモーメントが働き，ロボットの姿勢が回復する．

　上述の制御は，倒立振子の制御という観点から次のように説明できる．4.8.3 項の図 4.31 の腰の曲げを考慮する倒立振子モデルにおいて，上体を急に前傾させたとする．このとき，角運動量保存則からわかるように歩行システム全体の重心は後方へ移動し，その結果重力によるモーメントの変動分は歩行システムが倒れ込む方向とは逆方向に働く．すなわち，歩行システム全体が目標軌道より前方に倒れ込みすぎているときには，上体を前傾させることでその回復が可能となる．

　歩行パターンとしては，腰の上下動のほとんどない歩行パターンを採用している．力学モデルを基礎とした歩行シミュレータにおいて，制御方式，歩行パターン，目標 ZMP 等について検討を行ない，次に実機において歩行を行なうという手順をとっている．遊脚の着地や支持脚の切り換えなどの衝突現象はモデル化の困難な部分であるが，腰の上下動の少ない歩行パターンを採用していることが，衝撃現象を小さくし，歩行の安定化に寄与している．

　歩行面の凹凸や各種の外乱に対しても安定な制御則を開発しており，階段の昇降も実現している．機構，センサ，制御システムおよびソフトウェア開発環境のいずれを取ってもこれまでの歩行ロボット研究と一線を画しており，完成度の高い 2 足歩行ロボットを開発している．

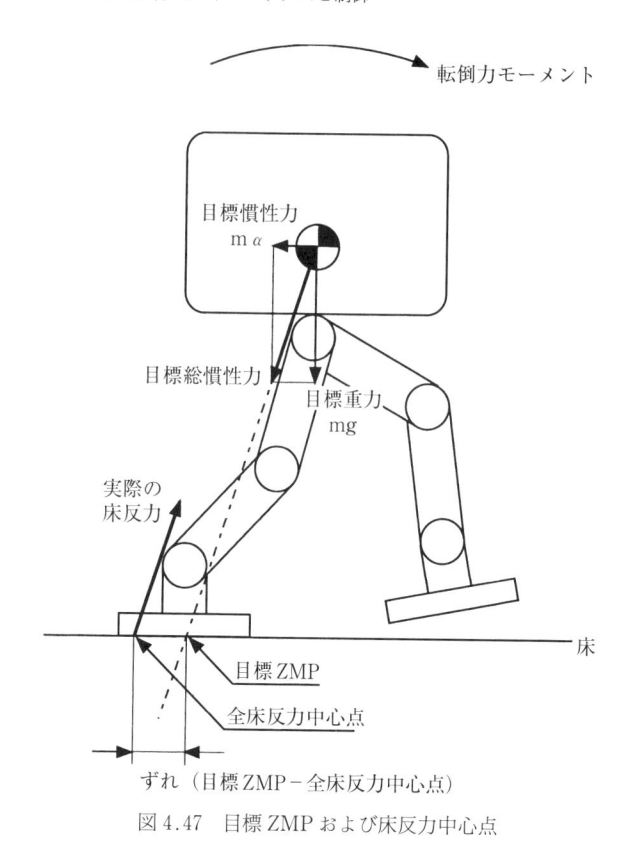

図 4.47 目標 ZMP および床反力中心点

4.10 2足歩行ロボットに関する各種研究

4.10.1 WL-5, WL-10 RD, WABIAN-R

早稲田大学の加藤,高西らは,1972年に2足歩行ロボットW-5によって静歩行を実現し,1984年にWL-10 RDにより1歩1.3秒の3次元動歩行に成功した[27].その後,上体補償型2足歩行ロボットWL-12,回転型非線形ばね機構を用いたWL-13[44],両腕を有するヒューマノイドロボットWABIANを開発した.また,足底への衝撃緩衝材を導入することによる歩行の安定化について検討を行なっている[45].

WL-10 RDの動歩行制御において,ZMP(ゼロモーメント点)の概念が最初に用いられた[27].WL-10 RDは12自由度を持つ2足歩行ロボットであ

り，単脚支持相と立脚切り換え相よりなる歩行制御が行なわれた．単脚支持相においては，支持脚足底の四つのピンが形成する長方形の中を ZMP が移動するように，各関節の目標値を与えている．立脚切り換え相は，倒立振子として前方へ倒れ，支持脚の交換を行なう大きな衝撃力が発生する相である．そこで，この相では足首トルクの機械インピーダンスが制御され，衝撃の吸収が行なわれた．

WL-12 では，未知外力下や未知路面上での動歩行，動的方向転換を実現している．WABIAN-R[46] は，総重量 120 kg，身長 176 cm であり，下肢部に 12 自由度，体幹部に 3 自由度，アームおよびハンド部に 20 自由度，首部に 2 自由度を有するヒューマノイドロボットである．

4.10.2 人間協調・共存型ロボットシステム

産業技術応用研究開発プロジェクトとして平成 10 年から 5 年間の予定で「人間協調・共存型ロボットシステム」の研究開発が行なわれている[47]．このプロジェクトの最初の 2 年間は共通の基盤となる研究プラットフォームの構築に当てられ，ヒューマノイドロボット[48]，遠隔操作コックピット，仮想ロボットプラットフォーム[49] が開発された．

ヒューマノイドロボットの基本仕様は，本田技術研究所が開発した P3 ロボットを踏襲している[48]．ロボットプラットフォームは身長 160 cm，体重 99 kg であり，その主な仕様は 2 足歩行により路面の凹凸 ±2 cm の平面を最大 2 km/h で移動可能で，段差 20 cm の階段を昇降可能なことである．このロボットのソフトウェア開発のために仮想ロボットプラットフォーム[49]が開発され，またその歩行制御についても検討が行なわれている[50]．

4.10.3 歩容の最適化

どのような歩行パターンをとると歩容が最適になるかという問題は重要な問題である．エネルギ消費の観点から歩容の最適化に関する研究が行なわれている[51,52]．7 リンクモデルを用いて行なわれた解析の結果をここでは示す[52]．コスト C としては関節トルクの一歩行周期における 2 乗積分値が採用されている．平均歩行速度を V，歩幅を L，一歩の時間を T で表すことにする．

平均歩行速度 V を横軸としたときの正規化されたコスト C/L の変化を

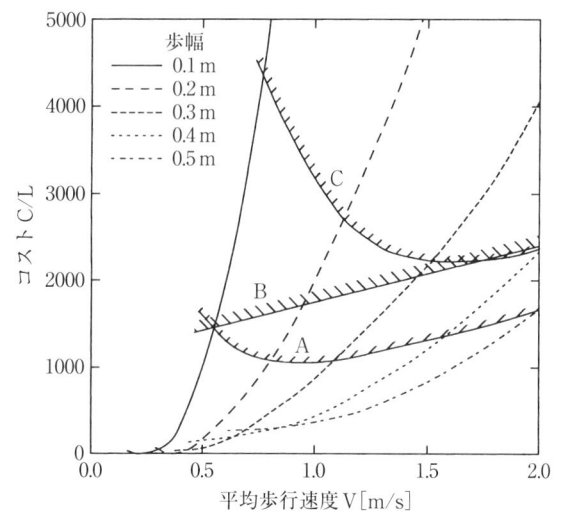

図 4.48 平均歩行速度とコストの関係

図 4.48 に示す．歩幅としては，0.1 m，0.2 m，0.3 m，0.4 m，0.5 m の 5 種類を考えている．図中にハッチング付で示される曲線は，支持脚足部が浮き上がったり滑ったりする限界を示しており，これらの曲線より上では浮き上がりや滑りが生じる．曲線 A は足部が滑る限界を示しており，曲線 B は足部が浮き上がる限界を示している．曲線 C は支持脚足首トルクが大きくなりすぎ，爪先あるいは踵を中心として足底が浮き上がる限界 (Tilt 限界) を示している．図からわかるように，Tilt 限界が各歩幅に対する歩行速度の限界を与えている．

図 4.49 に各歩幅および歩行速度における最適歩容のスティック線図を示す．図からわかるように，ダチョウのように膝が逆折れした歩容が最適となっている．人間の脚の場合は脚がまっすぐとなった状態で膝がロックし，全体重を支えるためのエネルギ消費を大きく低減している．そこで，人間型の歩容を考える際には膝ロック機構を考慮に入れた解析を行なう必要がある．

4.10.4 低次元モデル

歩行システムは非常に複雑であるため，低次元のモデルを用いて歩行の力学的本質を検討しようとする研究が多くなされており，倒立振子モデルを用

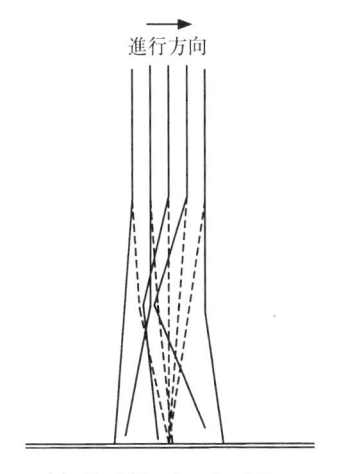

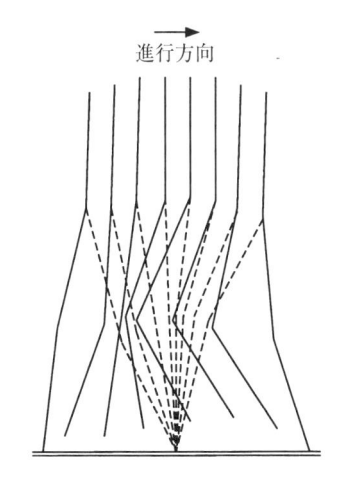

(a) $V=0.35\,\text{m/s}$, $L=0.2\,\text{m}$, $T=0.57\,\text{s}$ の歩行

(b) $V=1.0\,\text{m/s}$, $L=0.5\,\text{m}$, $T=0.5\,\text{s}$ の歩行

図 4.49　各歩幅に対する最適歩容のスティック線図

いたもの，および脚質量を無視したモデルを用いたものがある．しかし，これらのモデルは定性的な思考を行なう際には有効であっても，元の高次モデルと定量的な関係を持たないため，制御に用いるには適していない．そこで，元の高次モデル(運動方程式)と定量的な関係を持つ2種類の低次モデルがそれぞれ異なる方法を用いて導かれている．

特異摂動法を用いた方法では，歩行システムの遅いモードの解が2次の微分方程式と代数方程式により与えられることが示されている[53]．

また，筆者らは，支持脚足首を除く各関節に局所フィードバック制御を行なった際に現れる二つの支配固有値 λ_1, λ_2 を用いて，次に示す低次モデルを導いた[28]．

$$\dot{\boldsymbol{\eta}}_1 = \Lambda_1 \boldsymbol{\eta}_1 + \Gamma_1 \boldsymbol{\theta}_r + \boldsymbol{d} u_1 \tag{4.48}$$

$$\begin{bmatrix} \boldsymbol{\theta} \\ \dot{\boldsymbol{\theta}} \end{bmatrix} \fallingdotseq U^{-1} \begin{bmatrix} \boldsymbol{\eta}_1 \\ -\Lambda_2^{-1} \Gamma_2 \boldsymbol{\theta}_r \end{bmatrix} \tag{4.49}$$

ここで

$$\Lambda_1 = \begin{bmatrix} \lambda_1 & 0 \\ 0 & \lambda_2 \end{bmatrix}, \quad \Lambda_2 = \begin{bmatrix} \lambda_3 & & 0 \\ & \ddots & \\ 0 & & \lambda_{2n} \end{bmatrix},$$

$\boldsymbol{\theta}_r$：関節角度目標ベクトル，U：座標変換行列，$\boldsymbol{\eta}_1$：支配固有値 λ_1，λ_2 に対応する状態を表す2次ベクトル，$\lambda_3, \cdots \lambda_{2n}$：応答の速い固有値

支配固有値 λ_1，λ_2 は倒立振子モードに相当するものなので，(4.48)式は，支持脚足首トルク u_1，および関節角度目標ベクトル $\boldsymbol{\theta}_r$ を入力とする倒立振子を示している．

障害物を避けながら歩く，あるいは飛び石の上を歩くような場合には，数歩先までの歩行戦略を立てる必要がある．そのためには，歩行ロボットの内部にモデルを持つ必要があり，このモデルを用いて歩行戦略を決定していくことになる．モデルとしては4.3節で述べたような力学モデルが基礎となるが，計算時間あるいはこれから着地する歩行面の不確かさ(砂地，ぬれた岩場等)の問題があるため，数種類のモデルが必要と考えられる．本項で述べた2種類の低次元モデルは，その最も基礎となるものである．今後，精密な高次モデルと低次モデルの間を埋める中間モデルの開発が望まれる．

4.10.5 各種の研究

2足歩行の制御に関する研究は，ユーゴスラビアのVukobratović らによって60年代後半から盛んに行なわれ，1975年に「歩行ロボットと人工の足」[1]という本としてまとめられた．これらの研究においては，ZMP(ゼロモーメント点)の概念，プログラム式協調制御などが提案された．その後，アメリカのHemamiら[21]，日本の伊藤ら[54]および山下らによって比較的自由度の低いモデルを用いた理論解析が行なわれた．これらの研究では，主に歩行制御への現代制御理論の導入が行なわれた．

2足歩行ロボットを実際に製作して歩行の制御を行なう研究は，日本の加藤ら，およびイギリスのWittらによって1970年頃に始められ，日本では特に多くの研究が行なわれてきた．アメリカではRaibertらが油圧で駆動された伸縮型の脚を持つ2足歩行ロボットでダイナミックな歩行を実現し

た[55]．

　以上のように2足歩行ロボットの研究は多岐にわたる．最後に各種研究について概観する．両脚支持期においては，入力の数が冗長となるため，トルク配分を考える必要がある．すべりや足底の浮き上がりを起こすことなく，滑らかに両脚支持期の歩行制御を行なう方法について多くの研究が行なわれている[21,37,54,56,57]．

　仮想モデルを用いた制御[58]，ニューラルネットワーク，GA等を用いた制御[59~61]，コンプライアンスを用いた運動制御[62,63]，倒立振子モードを規範とする制御[64~68]について検討が行なわれている．また，衝撃の少ない歩行[35]やエネルギの消費を低減した歩行に関する研究[69]が行なわれている．

　歩行システムの機構について多くの検討が行なわれており[70,71]，2台のモータと複雑なリンク機構で歩行が実現されている[70]．また，歩行の運動学についての検討が行なわれ，Locomobility Measure が提案されている[72]．安定性の観点から研究が行なわれており[73~75]，動的安定余裕[74]が提案されている．脚と腕を持つロボットに関する検討も行なわれている[76~78]．

　さらに，レギュレータ問題として2足歩行制御を扱った研究が行なわれ[79,80]，学習制御の導入も検討されている[81]．また，各種の歩容に対する分析[82~84]や，ZMPの操作に関する研究[85]，歩行のシミュレーションに関する研究が行なわれている[49,86]．

4.11　おわりに

　近年，ヒューマノイド型2足歩行ロボットに関する研究が活発となり，研究論文の数も急速に増えている．一方，人間の歩行の制御則の解明は，医学生理学的研究やモデルによるシュミレーションだけでは困難であり，ロボットを実際に動かすことによって得られる知見もその解明に非常に大きな役割を果たすと考えている．2足歩行ロボットは本質的に不安定系であるため，外部環境の変化に対応しながら迅速に制御を行なう必要がある．これが車輪型移動ロボットとは大きく異なるところである．この迅速な制御のためにはロボットの内部に力学モデルを持ち，さらに外部環境に対する常識(知識)を持つ必要がある．

本稿では，2足歩行ロボットについて機構，力学，制御の観点から総合的に論じ，この分野の全体的な見通しがわかるように統一的に説明を行なった．

参考文献

1) M. Vukobratović, (加藤, 山下訳)：歩行ロボットと人工の足, 日刊工業新聞社(1975).
2) M. Vukobratović, B. Bprpvac, D. Surla, and D. Stokic：Biped Locomotion Dynamics, Stability, Control and Application, Scientific Fundamentals of Robotics 7, Springer-Verlag(1990).
3) Adaptability of Human Gait(Implications for the Control of Locomotion), A. E. Patla, ed., North-Holland(1990).
4) 臨床歩行分析懇談会編(土屋監修)：臨床歩行分析入門, 医歯薬出版(1989).
5) J. Rose and J. G. Gamble：Human Walking, Williams and Wilkins(1994).
6) R. M. Alexander, (東訳)：生物と運動(バイオメカニックスの探求), 日経サイエンス社(1992).
7) M. Rosheim：Robot Evolution(The Development of Anthrobotics), John Wiley & Sons, Inc. (1994).
8) P. Menzel and F. D'Aluisio：Robosapiens(Evolution of a New Species), MIT Press(2000).
9) 古荘：歩行ロボットの研究展開, 日本ロボット学会誌, Vol.11, No.3, pp.306-313(1993).
10) 古荘：2足歩行ロボットの力学・機構とその制御, 日本ロボット学会講習会「2足歩行ロボット技術の現在」テキスト, pp.1-12(1998).
11) 古荘, 佐野：ロボット工学ハンドブック, 制御技術編, 4. 5. 2項 2脚, pp.346-353(1990).
12) J. Furusho and A. Sano：Development of Biped Robot(Adaptability of Human Gait/A.E.Patla(Editor)), pp.277-303, North-Holland(1991)
13) A.Pedotti：A Study of Motor Coordination and Neuromuscular Activities in Human Locomotion, Biological Cybernetics, Vol.26, No.1, pp.53-60 (1977).
14) 高橋, 山本編：運動分析, 三輪書店, pp.66-67(2000).
15) S. Grillner：Locomotion in Vertebrates Central Mechanism and Reflex Interaction), Physiological Reviews, Vol.55, No.2, pp.247-304(1975).
16) 古荘：動的2足歩行ロボットの制御(その低次元モデル及び階層制御策), 日本ロボット学会誌, Vol.1, No.3, pp.182-190(1983).
17) J. Furusho and M. Masubuchi：Control of a Dynamical Biped Locomotion System for Steady Walking, Trans. ASME, J. of Dyn. Sys. Mes. and

Control, Vol.108, No.2, pp.111-118(1986).
18) 本田技研工業株式会社：脚式歩行ロボットの関節構造, 特許番号 第2592340号.
19) 島田：人間型ロボット(前編), 発明, Vol.95, No.7, pp.52-56(1998).
20) 島田：人間型ロボット(後編), 発明, Vol.95, No.8, pp.63-67(1998).
21) H. Hemami and B. F. Wyman：Modeling and Control of Constrained Dynamic Systems with Application to Biped locomotion in Frontal Plane, IEEE AC, Vol.24, No.4, pp.526-535(1979).
22) E. T. Whittaker(多田他訳)：解析力学(上), 講談社(1977).
23) 牧田, 池田, 古荘, 坂口：爪先自由度を持つ2足歩行ロボットによる段差の昇降, 日本ロボット学会学術講演会予稿集, pp.431-432(1997).
24) G. Zhang and J. Furusho：Control of Robot Arms Using Joint Torque Sensors, IEEE Control Systems Magazine, Vol.18, No.1, pp.48-55(1998).
25) 古荘, 山田：角運動量を考慮した2足歩行ロボットの動的制御(両脚支持期に蹴りを行なう歩行), 計測自動制御学会論文集, Vol.22, No.4, pp.451-456(1986).
26) J. Furusho and A. Sano：Sensor-Based Control of a Nine-Link Biped, Int. J. Robotics Research, Vol.9, No.2, pp.83-98(1990).
27) 高西, 石田, 山崎, 加藤：2足歩行ロボット WL-10RD による動歩行の実現, 日本ロボット学会誌, Vol.3, No.4, pp.325-336(1985).
28) J. Furusho and M. Masubuchi：A Theoretically Motivated Reduced Order Model for the Control of Dynamic Biped Locomotion, Trans. ASME, J. of Dyn. Sys. Mes. and Control, Vol.109, No.2, pp.155-163(1987).
29) 赤沢, 藤井：筋運動制御機構を持つロボット, 日本ロボット学会誌, Vol.6, No.3, pp.235-239(1988).
30) 医科生理学展望(Review of Medical Pysiology, Ed. by W. F. Ganong), 星他訳, 丸善(2000).
31) T. McGeer：Principles of Walking and Running, (Mechanics of Animal Locomotion, R. M. Alexander, ed.), pp.113-139, Springer-Verlag(1992).
32) M. Garcia, A. Chatterjee, A. Ruina and M. Coleman：The Simplest Walking Model：Stability, Complexity, and Scaling, ASME, J. Biomechanical Engineering, pp.281-288(1998)
33) A.Goswami, B. Espiau and A. Keramane：Limit Cycles in a Passive Compass Gait and Passivity-Mimicking Control Laws, Autonomous Robots 4, pp.274-286, Kluwer Academic Publishers(1997).
34) 青木, 山崎：直立2足歩行における関節受動抵抗の意義, 第15回バイオメカニズムシンポジウム講演論文集, pp.21-29(1997).
35) W. Blajer and W. Schiehlen：Walking without Impacts as a Motion/Force Control Problem, Trans. ASME, J. of Dyn. Sys. Mes. and Control, Vol.114, Dec., pp.660-665(1992).

36) 佐野, 古荘：角運動量制御による2足歩行ロボットの3次元動歩行, 計測自動制御学会論文集, Vol.26, No.4, pp.459-466(1990).
37) 佐野, 古荘, 伊神：両脚支持期における2足歩行システムのトルク配分制御, 計測自動制御学会論文集, Vol.26, No.9, pp.1066-1073(1990).
38) 金子, 横井, 谷江：シリアルリンクアームのダイレクトコンプライアンス制御（第1報，基本概念と非干渉化条件），日本機械学会論文集C編, Vol.54, No.503, pp.1510-1514(1988).
39) 梶田, 谷：線形倒立振子モードを規範とする凹凸路面上の動的2足歩行制御, 計測自動制御学会論文集, Vol.31, No.10, pp.1705-1714(1995).
40) S. Kajita and K. Tani：Experimental Study of Biped Dynamic Walking, IEEE Control Systems Magazine, Vol.16, No,1, pp.13-19(1996).
41) 広瀬, 竹中, 五味, 小澤：人間型ロボット, 日本ロボット学会誌, Vol.15, No.7, pp.983-985(1997).
42) K. Hirai, M. Hirose, Y. Haikawa and T. Takenaka：The Development of Honda Humanoid Robot, Proc. of IEEE Int. Conf. on Robotics and Automation, pp.1321-1326(1998).
43) 本田技研工業株式会社：脚式移動ロボットの姿勢安定化制御装置, 特許出願公開番号 特開平5-337849.
44) J. Yamaguchi and A. Takanishi：Development of a Biped Walking Robot Having Antagonistic Driven Joints Using Nonlinear Spring Mechanism, Proc. of IEEE Int. Conf. on Robotics and Automation, pp.185-192(1997).
45) 山口, 高西, 加藤：衝撃緩衝材料を用いた足底機構による2足歩行の安定化と路面位置情報の取得, 日本ロボット学会誌, Vol.14, No,1, pp.67-74(1996).
46) 山口, 玄, 西野, 井上, 曽我, 高西：人間の下肢機構をモデルとした拮抗駆動関節を有する2足歩行型ヒューマノイドの開発, バイオメカニズム14, pp.261-270, 東京大学出版会(1998).
47) 井上, 比留川：人間協調・共存型ロボットシステム研究開発プロジェクト, 日本ロボット学会誌, Vol.19, No.1, pp.2-7(2001).
48) 平井, 仲山：ロボットプラットフォームの製作および高機能ハンドの開発, 日本ロボット学会誌, Vol.19, No.1, pp.8-15(2001).
49) 中村, 比留川, 山根, 梶田, 横井, 藤江, 高西, 藤原, 永嶋, 村瀬, 稲葉, 井上：仮想ロボットプラットホーム, 日本ロボット学会誌, Vol.19, No.1, pp.28-36(2001).
50) Q. Huang, K. Kaneko, K. Yokoi, S. Kajita, T. Kotoku, N. Koyachi, H. Arai, N. Imamura, K. Komoriya, and K. Tanie：Balance Control of a Biped Robot Combining Off-line Pattern with Real-time Modification, Proc. of IEEE Int. Conf. on Robotics and Automation, pp.3346-3352(2000).
51) P. Channon, S. Hopkins and D. Pham：Derivation of Optimal Walking Motoins for a bipedal Walking Robot, Robotica, Vol.10, pp.165-172(1992).
52) P. Channon, S. Hopkins and D. Pham：A Variational Approach to the Optimization of Gait for a Bipedal Robot, J. of Mechanical Engineering

Science (Part C), Vol.210, pp.177-186 (1996).

53) 有本, 宮崎：2足歩行ロボットの階層制御, 日本ロボット学会誌, Vol.1, No.3 pp.167-175 (1983).
54) 成清, 小林, 伊藤, 細江：2足歩行系の両足支持期の制御について, 電気学会論文誌(C), Vol.103, No.12, pp.281-286 (1983).
55) M. Raibert：Legged Robots That "Balance", MIT Press (1986).
56) C. Shih and W. Gruver：Control of a Biped Robot in the Double-Support Phase, IEEE Trans. on Systems, Man, and Cybernetics, Vol.22, No.4, pp.729-735 (1992).
57) Y. Fujimoto and A. Kawamura：Proposal of Biped Walking Control Based on Robot Hybrid Position / Force Control, Proc. of IEEE Int. Conf. on Robotics and Automation, pp.2724-2730 (1996).
58) J. Pratt, P. Dilworth and G. Paratt：Virtual Model Control of a Bipedal Walking Robot, Proc. of IEEE Int. Conf. on Robotics and Automation, pp.193-199 (1997).
59) W. Miller：Real-Time Neural Network Control of a Biped Walking Robot, IEEE Control Systems Magazine, Vol.14, No.1, pp.41-48 (1994)
60) O. Katayama, Y. Kurematsu and S. Kitamura：Theoretical Studies on Neuro Oscillator for Application of Biped Locomotion, Proc. of IEEE Int. Conf. on Robotics and Automation, pp.2871-2876 (1995).
61) 荒川, 福田：階層型進化アルゴリズムを用いた2足歩行ロボットの傾斜地における歩行獲得, 日本ロボット学会学術講演会予稿集, pp.93-94 (1997).
62) 川路, 小笠原, 飯盛：コンプライアンスを用いた2足歩行ロボットの運動制御, 電気学会論文誌(D), Vol.116, No.1, pp.11-18 (1996).
63) 空尾, 村上, 大西：インピーダンス制御による2足歩行ロボットの歩行制御, 電気学会論文誌(D), Vol.117, No.10, pp.1227-1233 (1997).
64) 下山：竹馬型2足歩行ロボットの動的歩行, 日本機械学会論文集C編, Vol.48, No.433, pp.1445-1454 (1982).
65) 南方, 堀：Biped Bike に関する研究(矢状面運動の解析と制御), 電気学会論文誌(D), Vol.117, No.9, pp.1057-1062 (1997).
66) 真島, 宮崎, 大石：絶対座標系の動作記述とキネマティクスに基づいた2足ロボットの動歩行制御の実現, 電気学会論文誌(C), Vol.117, No.11, pp.1560-1562 (1997).
67) C. Shih：Inverted Pendulum-like Walking Pattern of a 5-Link Biped Robot, Proc. of ICAR'97, pp.83-88 (1997).
68) 古田, 永野, 富山：多リンク倒立振子を目標モデルとする2足歩行制御, ロボティクス・メカトロニクス講演会論文集, 2C11121-2(1)-2C1112-2(2) (1998).
69) S. Dhandapani：Energy Recovery Systems in a Bipedal Walking Robot, Design Engineering Technical Conferences ASME, DE-Vol.82, pp.795-802 (1995).

70) 舟橋：歩行機械の脚機構, 設計工学, Vol.29, No.5, pp.14-19(1994).
71) 小野, 岡田：自励振動アクチュエータに関する研究(第3報, 自励駆動による2足歩行機構), 日本機械学会論文集C編, Vol.60, No.579, pp.3711-3718(1994).
72) F. Silva and J. Machado：Kinematic Aspects of Robotic Biped Locomotion Systems, Proc. IROS'97, pp.266-271(1997).
73) R. Kato and M. Mori：Control Method of Biped Locomotion Giving Asymptotic Stability of Trajectory, Automatica, Vol.20, No.4, pp.405-414 (1984).
74) Y. Seo and Y. Yoon：Design of a Robust Dynamic Gait of the Biped Using the Concept of Dynamic Stability Margin, Robotica, Vol.13, pp.461-468 (1995).
75) M. Cheng and C. Lin：Measurement of Robustness for Biped Locomotion Using a Linearized Poincaré Map, Robotica, Vol.14, pp.253-259(1996).
76) M. Inaba, F. Kanehiro, S. Kagami and H. Inoue：Two-armed Bipedal Robot that can Walk, Roll Over and Stand Up, Proc. IROS'95, pp.297-302 (1995).
77) 大須賀, 岡, 小野：腕を有する脚ロボットの非線型制御について, 計測自動制御学会論文集, Vol.31, No.10, pp.1695-1704(1995).
78) 井上, 石井, 大川：手先で作業をしながら移動する腕付2足歩行ロボットの制御, 日本ロボット学会学術講演会予稿集, pp.1095-1096(1998).
79) T. Mita, T. Yamaguchi, T. Kashiwase and T. Kawase：Realization of a High Speed Biped Using Modern Control Theory, Int. J. Control, Vol.40, No.1, pp.107-119(1984).
80) 吉野：歩行パターン・レギュレータによる高速歩行ロボットの安定化制御, 日本ロボット学会誌, Vol.18, No.8, pp.1122-1132(2000).
81) 川村, 川村, 藤野, 宮崎, 有本：運動パターン学習による2足歩行ロボットの歩行実現, 日本ロボット学会誌, Vol.3, No.3, pp.177-187(1985).
82) C. Shih：Gait Synthesis for a Biped Robot, Robotica, Vol.15, pp.599-607 (1997).
83) G. Medrano-Cerda and E. Eldukhri：Biped Robot Locomotion in the Sagital Plane, Trans. Modelling, Measurement and Control, Vol.19, No.1, pp.38-49(1997).
84) K. Yi and Y. Zheng：Biped Locomotion by Reduced Ankle Power, Autonomous Robots, Vol.4, pp.307-314(1997).
85) 水戸部, 矢島, 那須：ゼロモーメント点の操作による歩行ロボットの制御, 日本ロボット学会誌, Vol.18, No.3, pp.359-365(2000).
86) Y. Fujimoto and A.Kawamura：Simulation of an Autonomous Biped Walking Robot Including Environmental Force Interaction, IEEE Robotics and Automation Magazine, Vol.5, No.2, pp.33-42(1998).

第5章　顔ロボットにおける表情表出の力学と制御

5.1　はじめに

　顔という人間の器官を機械的視点から眺めてみると，その構造的特徴は，剛性の高い頭蓋骨と柔らかい粘弾性体の皮膚とが，筋肉というアクチュエータで連結されていることであり，機能的特徴は，脳からの神経信号で筋肉が収縮して，口や目の開閉，顔表情という情報表出などの機能を作り出している．顔には，我々の大切な視覚器官(目)や，聴覚器官(耳)，臭覚器官(鼻)，味覚器官(舌)，触覚器官(皮膚)が存在し，これらは外界とのインターラクションにおける情報をうける機能を持つ器官である．顔はそこにある器官からいろいろなモダリティの相互補完された感覚情報を受容し，それに対応して顔面筋肉を駆動して，顔表情の表出行動をするシステムといえる．顔にあるいろいろな感覚器官からの情報と顔表情の表出行動との対応付けは，脳での「感情に関する情報処理」であり，それについては長年に渡って心理学，特に感情の心理学として研究が続けられてきた．最近では，脳科学的研究や高次知能としての研究が進められている．このように，顔を物理的身体をもつシステムとして見ると，それを人工的に構築することも可能になろう．すなわち，顔ロボットの製作とその表情表出の制御の工学である．いい換えれば，顔ロボットとその人工感情の生成の研究が考えられ，それは人間の高次知能の合成的研究であり，また，人間に優しい機械システムの構築にも貢献する研究と考えられる．

　顔ロボットは，人間との感性情報を介してのインターラクションにおいて，その「人工感情」を学習によって生成する事が考えられるが，そのとき，顔表情のリアリティは大変重要である．そこでディズニーランドにある人形型のロボットのような特定の顔表情だけでなく，コンピュータグラフィックスで実現されているような，複雑で多様な人間らしいまた写実性の豊かな顔表情を表現できるロボットに，われわれの関心が集まった．顔ロボットは「知能機械が感性情報に基づいて，高次知能，すなわち，「人工心理」に

より決定した反応行動を人間に分かりやすく表示伝達する」というアクティブ・ヒューマン・インターフェイス[1]のコンセプトを,「顔表情」をメディアとして実現する研究として開始されたが,次第に研究の主題が「人工心理」の研究のプラットフォームを構築する方向へと進んでいる.本章では,人間と同様に身体性のある人工顔が「表情」を表出する「顔ロボット」の設計と製作および表情表出の力学・制御と表現特性について述べる.顔の6基本表情(驚き,恐怖,嫌悪,怒り,幸福,悲しみ)を対象として,この「顔ロボット」に動的表情が表出できるようにすること,顔ロボットは,3次元立体形状を有するため,立体感(特に奥行き感),質感,量感,実在感など,コミュニケーションにおいて大切と思われる感性的因子をより良く表出できることを特徴としている.

「顔」を有するロボットについての報告がエンターテイメント産業を除き2例ある.これらの顔ロボットでの表情表出については,解剖学的,心理学的な議論はほとんど行なわれておらず,表情の種類も2~3種類と限定されている.また,これらの顔ロボットは人間との能動的なコミュニケーションや人工感情の生成の研究を目的としたものではない.そこで著者らは,解剖学,心理学の知見に基づき,顔ロボットによる人間と同じような表情表出の方法を検討することにする.

コンピュータの高速化,記憶容量の増大にともない,また情報通信の分野における知的画像符号化の立場から,コンピュータグラフィックス(CG)により顔表情表出を行なう研究が近年盛んに行なわれている[2].CGによる顔表情の研究は,より自然で違和感のない顔表情表出を目指しているが,次のような問題点が指摘されている.すなわち,

・表情を表出した場合の表皮の輝度値変化が実際とは異なること,
・3次元形状が大きく変化する場合は不自然な表情になること,
・皺や歯は「中立の顔」では表出されていないため,補助登録して,ある特定の顔の動きの時だけそれらを顔画像上に付加せねばならず不自然であること,
・3次元情報が不足していることから顔の向きを変えると不自然であること,

である．

　ところで，「リアルな顔」が持つと考えられる不快感の問題，機械が人間と同様な「顔」や「顔表情」を有する必要があるのかという問題，また，ロボットでなくても CG で十分ではないかという問題が指摘されている．これらの問題はリアルな表現のできる顔ロボットと，それを人間とインタラクティブに動かす認識―行動の制御システムを確立し，顔ロボットと人間とのコミュニケーションを実際に行なって評価する必要があり，そのような研究が存在しない現在では，その可否を一概に議論できないと考えられる．

5.2　顔ロボットの設計

5.2.1　設計要件

　顔ロボットを製作するうえでの重要な因子は，①顔ロボット上に表情を表出するためのパラメータの決定，②表情を表出するためのアクチュエータの選択，の 2 点である．心理学の分野で，顔面筋の動きを Action Unit (AU) と呼ばれる 44 の基本動作に分解していること[3]を参考にして，①として AU を採用し，AU を表情パラメータとして用いて様々な表情を表現できるように，必要な AU の動きを実現できる機構を開発する．この機構を動かすアクチュエータ (②) に関しては，将来的に表情だけでなく音声発生装置の取り付けや顔ロボット全体を動かすことを考えて，アクチュエータを含めた機構はできるだけコンパクトで人間と同様に全て頭部に配置でき，かつ滑らかな動きをすることを念頭に置く．検討の結果，鈴森が開発したフレキシブルマイクロアクチュエータ (FMA) をひとまず用いることにする[4]．FMA は，構造が簡単なため小型化が容易であり，摺動部がないため動作が滑らかで，かつ作動流体の漏れがない等の特徴を有し，前述の条件に適するものである．この FMA を，顔の 6 基本表情の表出のために必要な AU に対応させて支持構造フレーム内に配置し，また，顔表皮の複数箇所の動きの干渉を考慮し，表情を表出するための FMA と顔表皮とを細いワイヤーで接続する．

　ここで，FMA について簡単に説明しておく．FMA はシリコンゴムからできており，図 5.1 に示すように三つの圧力室で構成され，各圧力室の圧力

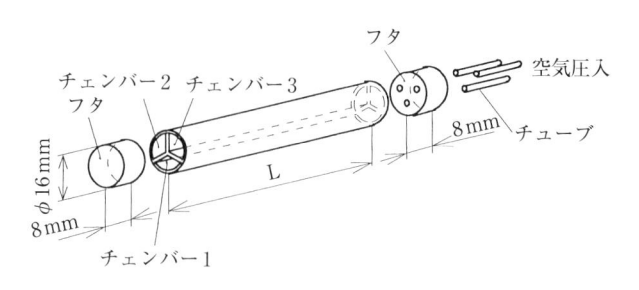

図 5.1　FMA の構造

を調整することにより3自由度の動作が可能である．顔ロボットでは，FMA の曲げ剛性が小さいことを考慮して，FMA の軸方向(Z 方向)の伸縮動作のみを用いる．すなわち，FMA の 3 圧力室に等しい空気圧を印加することで軸方向の変位を制御する．この際，空気圧レギュレータにより FMA への入力圧力を一定にし，レギュレータと FMA の間に電磁弁の開時間により FMA の軸方向伸縮量を調節する．FMA に十分な量の空気圧を注入すれば，全長の 20% 以上の伸びが得られる．成形が容易で皮膚と同様な質感があるシリコンゴムを顔ロボットの皮膚として採用する．このシリコンゴム皮膚を FMA で引っ張る予備実験より，シリコンゴム皮膚には十分な変位量が得られ，FMA により顔ロボットの表情を表出することが可能であることを確認した．

　人間の顔表情は顔面筋の収縮により顔表皮の 3 次元的変形として生成されるが，その運動学的，力学的解析はほとんど行なわれていないのが現状である．しかし，顔表情の表出を力学的システムの出力としてみる立場を取る時，顔表皮の無限自由度 3 次元変形を有限個の筋肉というアクチュエータで作りだし，それが「表情」という情報になって出力されるといえる．したがって，顔表皮材料の厚さ分布という構造力学的システム構成，アクチュエータの配置やそれらの変位量，時間的推移パターンなど工学的課題が顔表情の表出システムの構築には存在する．これらについて，順次説明しよう．

5.2.2　AU に基づいた顔面の制御点の設計

　さて，P. エクマンの AU は基本的に顔面筋の動きに対応しており，AU の組み合わせにより様々な表情を表現することができる[3]．そこで，顔ロボ

ットの顔面上のどの点を後述のアクチュエータで動かすかについては，人間の顔表情表出に必要な AU に基づいて決める．顔ロボットにより 6 基本表情を表出することを目的とし，そのために必要な AU を選定し，顔面皮膚上の動かす領域を決める．

44 の AU の中で，表情に関わるものは 24 の AU であるが，その中で 6 基本表情を表出するために必要なのは P. エクマンらによると表 5.1 に示す 14 の AU である．表 5.2 には各基本表情を表出するために必要な AU の組み合わせを示す．これらの AU を実現するために，解剖学の文献[5]を参考に顔面筋の始点，終点，及び動く方向を調べ，また，実際に鏡の中の顔を見ながら各 AU に相当する筋肉を動かしたり手で引っ張るなどして，どこを動かせば最も良く AU が表現されるかを検討した．その結果，図 5.2 に示す①

表 5.1　6 基本表情を表出するために必要な AUs

AU No.	Appearance Changes.
1	Inner Brow Raiser
2	Outer Brow Raiser
4	Brow Lowerer
5	Upper Lid Raiser
6	Cheek Riser & Lid Compressor
7	Lid Tightener
9	Nose Wrinkler
10	Upper Lid Raiser
12	Lip Corner Puller
15	Lip Corner Depressor
17	Chin Raiser
20	Lip Stretcher
25	Lips Part
26	Jaw Drop

表 5.2　6 基本表情と AUs の対応関係

Expression	Action Units (AUs)
Surprise	1+2+5+26
Fear	1+2+4+5+7+20+25, 26
Disgust	4+9+17
Anger	4+5+7+10+25, 26
Happiness	6+12(+26)
Sadness	1+4+15

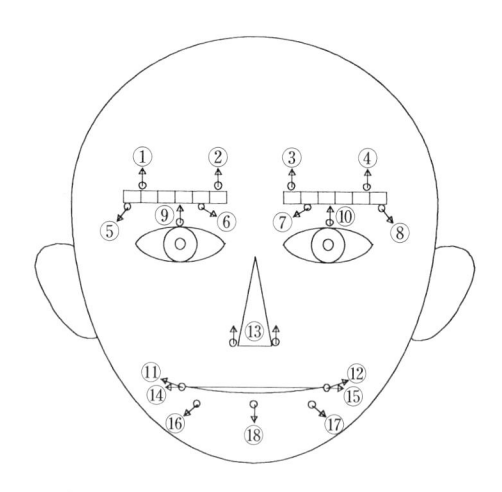

図 5.2 顔ロボットの制御点(control points ①〜⑱)の位置

〜⑱の 18 箇所の領域を矢印の方向に動かすことが必要であるという結論を得た．これらの 18 箇所の領域は，顔表情認識のための顔の特徴点を全て含んでおり[6]，これらを動かすことにより表情表出が良くできるものと考えられる．以降，この 18 箇所の領域を制御点(Control Point)と呼ぶ．表 5.3 に各 AU と制御点との対応を示す．なお，AU 26 は 1 個の FMA とステッピングモータとにより制御するものとする．

顔ロボットで 6 基本表情を表出するために，まず各制御点をどの程度動かす必要があるか決める必要がある．そこで，3 人の男子学生に鏡を

表 5.3 AUs と制御点の対応関係

AU No.	Control Point	
	Right	Left
1	2	3
2	1	4
4	5, 6	7, 8
5	9	10
6	11	12
7	9	10
9	13	
10	13	
12	11	12
15	16	17
17	18	
20	14	15
25	18	
26	18 & Motor	

見ながら各制御点付近をできるだけ大きく動かしてもらい，各人の顔面上で制御点に相当する点の動きの最大量を測定し，3人の平均値を制御点の必要移動量の算定基礎とした．制御点の最大移動量の測定は，被験者の正面顔をビデオに録画し，その画像の中から各制御点が最も動いている画像を抽出して制御点の移動量を算定する．これらの制御点の必要移動量を基に，制御点を動かすためのFMAの長さを次のように決定する．顔ロボットに用いるFMAは，製作の容易さとFMAの剛性を考慮し，$\phi 16\,\mathrm{mm}$のものを採用する．FMAの必要数を全て頭部に配置する関係上，FMAの大きさ（特に太さ）により顔ロボットの大きさが決まる．顔ロボットの構造フレームは基本的に人間の頭蓋骨と同様とするため，図5.2に示す14〜18番の制御点を制御する5本のFMAは顎の部分に取り付けることになり，$\phi 16\,\mathrm{mm}$のFMAを使う場合，顔ロボットの顎の大きさは成人の平均（頭の最上部から顎先まで約270 mm）の1.2倍にせねばならない．従って顔の形態的バランスより，顔ロボット全体は成人の顔の1.2倍の大きさになる．そこで，FMAの必要移動量は上記3人の平均値（算定基礎）を1.2倍した値を採用する．

前述のように，FMAは駆動部の20%程度の伸び率が期待できるので，20%の伸びが制御点の必要移動量になるようにFMAの長さを決定する．また，FMAの加工の問題から，同じ長さのFMAができるだけ多くなるように配慮した．表5.4にFMAの駆動部の長さと各制御点の必要移動量を示す．FMAは駆動部以外にさらに16 mm（駆動部前後に8 mmずつ固定部がある）の長さを必要とするので，表に示した全長は駆動部にこの長さを足した値である．なお，

表5.4 制御点の必要移動量とFMAの長さ

Control point		Required displacement [mm]	Length of FMA driver part [mm]
right	left		
2	3	12.0	104.0
6	7	12.0	
1	4	9.6	60.0
5	8	2.4	
9	10	11.0	
11	12	10.8	
16	17	6.0	40.0
13		6.0	
18		4.8	
14	15	3.6	30.0

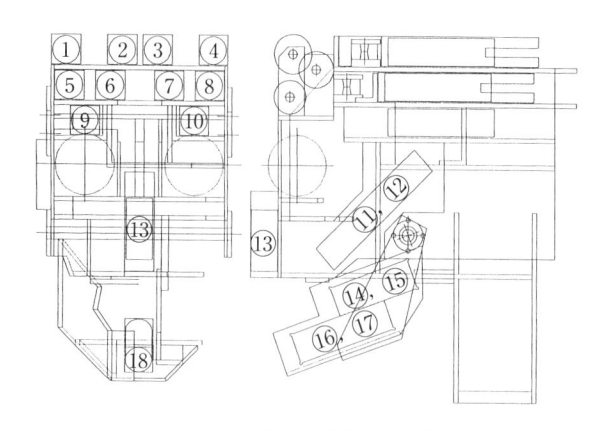

図5.3 FMAの配置図(①〜⑱)

表中の影のついている所は，お互いに逆の方向に動くことを示しており(①と④に対して⑤と⑧が，②と③に対して⑥と⑦が逆向きに動く)，お互いに動きを妨げないように一方の必要移動量分ワイヤーをたるませ，かつ自身の必要移動量だけ動くようにしてある．例えば，①の場合を考えると，逆の動きをする⑤が2.4 mm動くため，その分だけワイヤーをたるませ，かつ①自身が9.6 mm動く必要があるため，①に対応するFMAは合計12 mm(2.4+9.6)動くことができるようになっている．

5.2.3 FMAの配置と表情表出機構

　制御点の位置，及びFMAの長さと伸びの方向を基に，FMAの配置を決定した．図5.3に頭部組み立て図，及びFMAの配置図を示す．図中の1〜18の番号の箇所がFMAを配置する場所で，その番号が制御点の番号に対応している．FMAとシリコンゴム皮膚は細いワイヤーでつながっており，ワイヤーは滑車を介してFMAによりシリコンゴム皮膚を引っ張る．ただし，瞼を動かす9と10及びオトガイ部を動かす18の駆動機構はワイヤーを使用せず，リンク機構となっている．

　さて，瞼を動かすための駆動機構を図5.4に示す．瞼には上瞼と下瞼があり，上瞼の動きに伴い下瞼も僅かに動くので，歯車を用いて上瞼と下瞼の動く割合を，人間の瞼の動きを参考にして，20対3とした．瞼は，AU 5に相当する上瞼を上げる場合と，普通に開けている場合，閉じている場合の3状

5.2 顔ロボットの設計　163

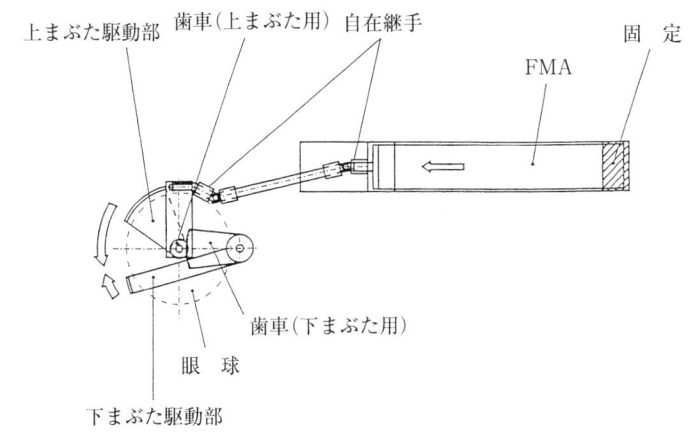

図 5.4　瞼の駆動機構

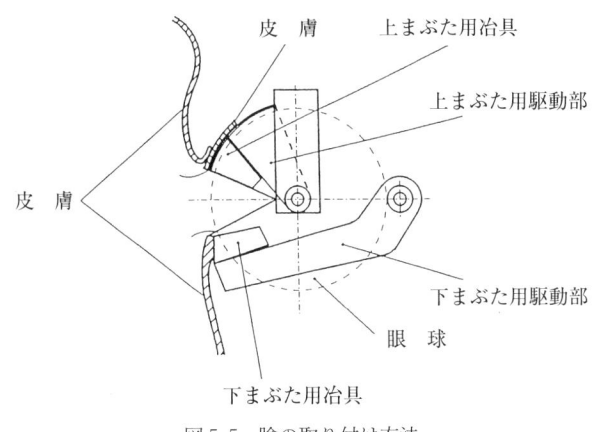

図 5.5　瞼の取り付け方法

態がある．FMA の自然長を AU 5，つまり上瞼を持ち上げている状態に対応させ，中位に開けている場合と閉じている場合は FMA を伸ばすことにより実現する．

　この瞼の部分と皮膚との取り付けのために，図 5.4 に示した上瞼駆動部と下瞼駆動部の先端に脱着可能な取付用金具を用意する．その取付用金具を皮膚に接着すれば，皮膚と瞼の機構部分の脱着が可能になる．この方法だと上瞼は，眉の上下変化に応じて上瞼の形が変化（例えば 3 角形になったりする）

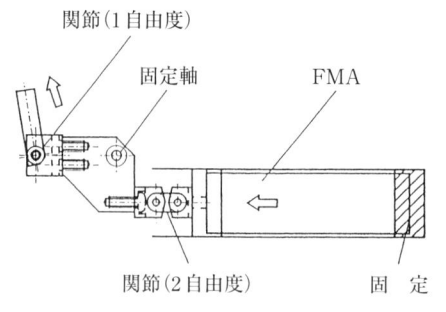

図5.6 オトガイの駆動メカニズム

しないので，図5.5に示すように取付用金具にそれと同じ形のシリコンゴムを接着し，その上にシリコンゴム皮膚を折り返して接着することにした．この取り付け方法により，眉の変化に応じて上瞼の形が変わることが可能になる．

オトガイ部の駆動機構を図5.6に示す．この機構により下唇を上下することができる．この機構の先端部をシリコンゴム皮膚に取り付けるために，機構先端部が脱着可能となるように皮膚側に脱着用具部を用意した．

5.3 顔ロボットの全体構成

次に顔表情表出機構を含め，顔ロボット全体の動作機能と構成を説明する．まず，眼球の動きに関しては，人間と同様な回転2自由度の動きを二つのステッピングモータにより実現する．さらに，眼球の中に小型CCDカメラ(ϕ12mm)を入れ，画像認識による相手の人間の顔表情認識や人間の追跡，目線(視線)の制御ができるようにする．顔全体の動きには，左右に傾ける，前後に傾ける，及び首を回すの3自由度を持たせる．首を回す動きはステッピングモータで，残りの動きは空気圧シリンダで実現する．以上，顔ロボットの自由度をまとめると，

・表情表出‥‥‥FMAにより18自由度
　　　　　　　　ステッピングモータにより1自由度
・眼球の動き‥‥2ステッピングモータにより2自由度
・顔全体の動き‥ステッピングモータと空気圧シリンダにより3自由度

となり，合計で24自由度を有する．

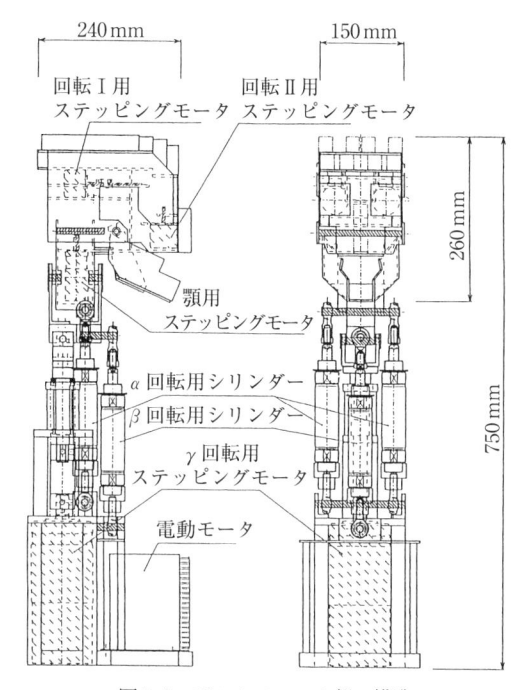

図5.7 アルミフレーム部の構造

　前述のように，表情を表出するためのFMAは全て頭部内に配置し，さらに，眼球を動かすためのステッピングモータ2個と，口の開閉を行なうステッピングモータ1個も頭部内に配置してある．頭部全体の回転を行なうためのステッピングモータ1個，前後に傾けるための空気圧シリンダ1本，及び左右に傾けるための空気圧シリンダ2本は頭部の下に配置したので，顔ロボットの全高は750 mmとなる．構造的視点から，全アクチュウエータを設置する顔ロボットの内部の構造部分を「構造フレーム部」と呼ぶことにする．図5.7にその構造を示し，図5.8には実現した構造フレーム部の外観を示す．次に，頭部の構造フレーム部の上に，人間の頭蓋骨に相当する骨格フレームを取り付ける．骨格フレームは，アルミフレーム部の上に外見上人間の頭蓋骨と同様な形になるようにプラスティックで形成した．その上に，シリコンゴム顔面皮膚をかぶせ，FMAと細いワイヤによりその皮膚を引っ張ることで顔表情を表出する．図5.9に頭部の構造フレーム部とその上に骨格

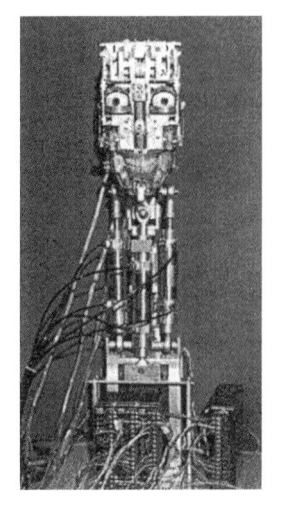

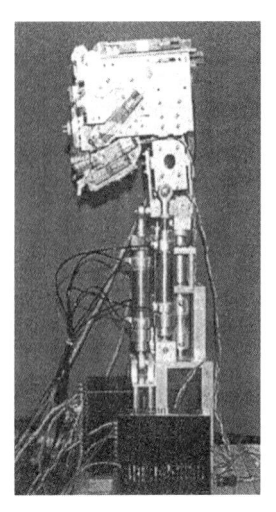

図 5.8 実現したアルミフレーム部の外観

フレームを取り付けた写真を示す．眼球はプラスティックにより著者らが製作し，歯には入れ歯を用いている．図 5.7 において，頭部の全高は 260 mm であるが，この上に骨格フレームを設置すると，頭部全高は 330 mm となった．また，空気圧シリンダの変位だけでは回転角度が分からないため，頭部全体の前後，左右の回転軸にポテンショメータを設置し，空気圧シリンダによる回転角度を測定できるようにしている．

なお，構造フレーム部全体を構成する部品数は約 200，総重量は約 15 kg である．

5.4 シリコン顔皮膚の製作と取り付け

顔ロボット上に表情を良く表出するために，シリコンゴム皮膚の厚さは非常に重要な要素である．すなわち，シリコンゴム皮膚が薄い場合は良く伸びるが，全体的に凸凹になり質感がなく，引っ張った部分が極端に窪んでしまう．逆に厚い場合は，質感はあるものの皮膚の動きが小さい．そこで予備実験の結果，$0.7 \sim 0.8$ mm が最適であるという結論を得た．当初，石膏により雄型と雌型を作り，シリコンをその間に挟むことにより皮膚を形成していたが，皮膚の厚さを均一にすること，また，上記の範囲の厚さにすることが

5.4 シリコン顔皮膚の製作と取り付け　　*167*

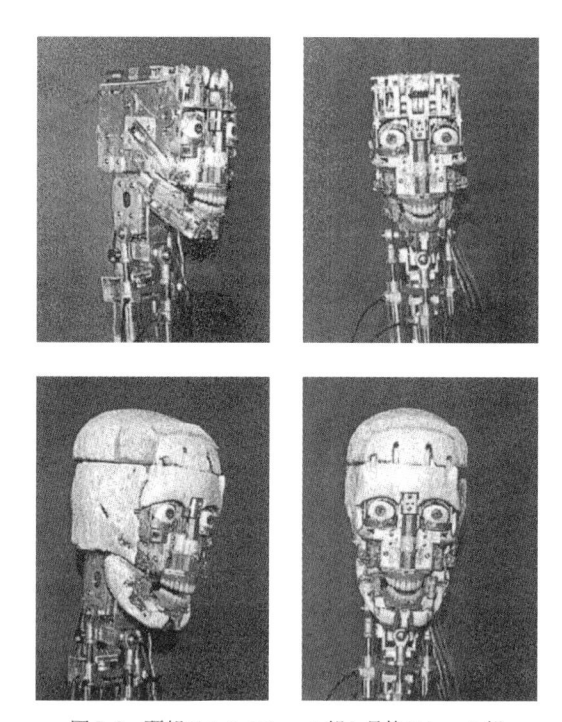

図 5.9　頭部アルミフレーム部と骨格フレーム部

非常に困難であった．そこで，皮膚の厚さを均一にするために雄型と雌型がスクリュー軸により平行に鉛直方向に動き，かつ雄型と雌型の間隔を調整できる"スキンメーカー"を開発した．雌型は，シリコン皮膚の表面の仕上がりに直接影響するので，劣化しにくく，かつ表面が滑らかなエポキシで作った．ただし，簡単のため，顔面形状に沿って顔面を覆う部分だけエポキシを用い，その周りをセメントで固める．また，シリコンゴム皮膚を型から外す際，雄型と雌型の両方が剛体の場合はうまく外せない．雌型は剛性が大きいので，雄型の皮膚と接する部分をシリコンゴムにより成形し，それ以外の部分はセメントで作ってある．このようにして作成したシリコン皮膚を図 5.10 に示す．

　顔マスク状に成形されたシリコン皮膚の裏側の制御点の周りの小領域に，皮膚と同じ厚さのシリコンゴムを貼り付ける．この小領域は，そこを動かすことにより表情が良く表出されるように試行錯誤により決定した領域で，そ

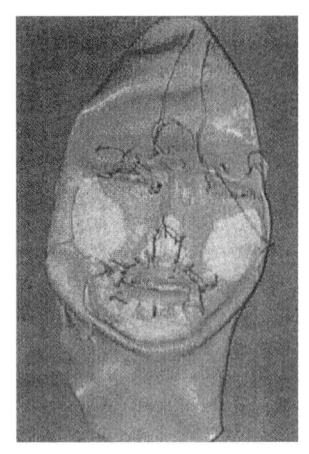

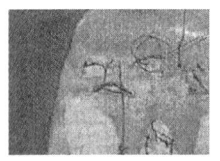

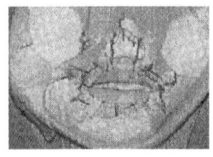

図 5.10 シリコン皮膚

の領域に貼るシリコンゴムに細いワイヤーを装着する．

そのワイヤーを FMA により引っ張ることで，小領域全体を動かす．表皮(皮膚)全体の形状は，骨格フレームと皮膚との間に綿を入れることにより調節する．綿を入れる場所，及び量は表情がうまく表出されるよう，試行錯誤で決定した．

5.5 顔ロボットでの静的顔表情の表出

5.5.1 顔ロボットの制御点の移動量

顔ロボットにおいて，6基本表情の表出に必要な各 AU が実現されているか確認するため，各制御点の実際の移動量が十分であるか否かを調べる．FMA の伸びは，入力空気圧力と空気流量を調整する電磁弁の開閉時間に依存するが，今回は電磁弁を開いたままにし，入力空気圧力を5気圧にした場合の顔ロボットの制御点の移動量を測定した．測定方法として，測定目標の制御点の移動方向と並行にメジャーを設置し，制御点を動かす際にそのメジャーを一緒にビデオテープに録画する．そのビデオテープから各制御点が最も動いていると思われる画像を抽出し，その画像中のメジャーの目盛りを読むことで制御点の最大移動量を求めた．このようにして求めた制御点の最大移動量を表 5.5 に示す．これより，制御点 6, 7 の移動量がわずかに足りな

表 5.5 実現した制御点の移動量

Control point		Required displacement [mm]	Implemented displacement [mm]
right	left		
2	3	12.0	16.0
6	7	12.0	11.0
1	4	9.6	13.5
5	8	2.4	4.5
9	10	11.0	14.0
11	12	10.8	14.0
16	17	6.0	9.0
13		6.0	8.0
18		4.8	5.5
14	15	3.6	8.0

い他は，必要移動量以上の移動量が得られていることが分かる．

ここでの必要移動量はあくまでも目安であるので，表情表出実験における制御点の移動量は，顔ロボットの顔の作りや形に応じて表情がうまく表出されるように選ぶ．

顔ロボットは，18 の制御点の動きを組み合わせるなどして，最終的に表 5.6 に示す 24 の AU を実現することができた．なお，顔ロボットで実現できていない AU は，

1) 口をすぼめる動作，
2) 息を吸ったりはいたりすることに伴う頬の動き，
3) 鼻の穴の動き，
4) 舌を使った動き，

の 4 種類である．

5.5.2 6 基本表情の表出実験とその評価

表 5.2 の 6 基本表情を表出するための AU の組み合わせに従って，顔ロボットの制御点を，所定の空気圧をステップ状に FMA に印加し（力制御になっている），FMA により動かし，顔ロボットに 6 基本表情を表出させた．図 5.11 に正面から見た顔ロボットの「中立」の顔と 6 基本表情の顔写真を示す．顔ロボットは 3 次元の立体形状を有するので，横や斜めから見ても非

表 5.6 実現した AUs

AU No.	Appearance Changes	AU No.	Appearance Changes
1	Inner Brow Raiser	16	Lower Lip Depressor
2	Outer Brow Raiser	17	Chin Raiser
4	Brow Lowerer	20	Lip Strecher
5	Upper Lid Raiser	25	Lips Part
6	Cheek Raiser & Lid Compressor	26	Jaw Drop
7	Lid Tightener	27	Mouth Strech
9	Nose Wrinkler	41	Lip Drop
10	Upper Lid Raiser	42	Slit-Optional
11	Nasolabial Furrow Deepener	43	Eyes Close-Optional
12	Lip Corner Puller	44	Squint
14	Dimpler	45	Blink-Optional
15	Lip Corner Depressor	46	Wink-Optional

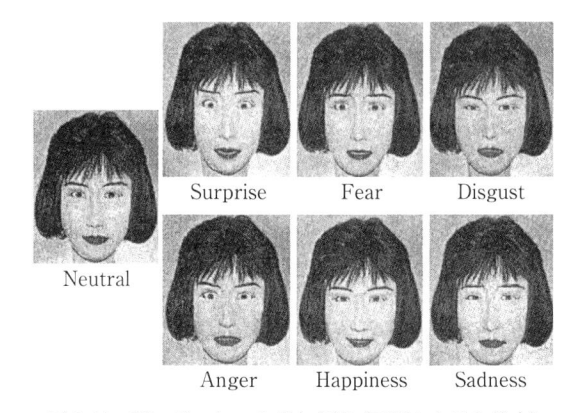

図 5.11 顔ロボットの 6 基本表情（正面から見た場合）

常に自然な表情に見える．

　これらの顔表情が良く表れているか評価するための認識実験を実施した．被験者に顔ロボットが表出した 6 基本表情の正面写真を見せ，それを 7 カテゴリー（中立，驚き，恐れ，嫌悪，怒り，幸せ，悲しみ）に分類する判断をしてもらう．本来は，顔ロボットが表出した表情を直接見せることが望わしいが，顔ロボットは実際の人間より一回り大きいため，多少違和感があること，6 基本表情をうまく表出するための調整に多少時間がかかり，その間被験者を待たせておかねばならないこと，の 2 点の理由から写真を用いることにした．被験者は顔表情の認識について特別に訓練を受けていない 30 人の

表5.7 顔ロボットの表出表情の表現度

(%)

Facial expression	Recognized result					
	Sur.	Fear	Dis.	Ang.	Hap.	Sad.
Sur.	97	3	0	0	0	0
Fear	27	53	10	3	0	7
Dis.	0	0	77	20	0	3
Ang.	3	3	10	84	0	0
Hap.	0	0	3	3	94	0
Sad.	0	0	3	0	0	97

理工系学生である．顔ロボットの顔写真が本来表す表情(設計表情)毎に，被験者がどの表情に判断しているかをまとめた．その結果を表5.7に示す．これより，「驚き」，「怒り」，「幸福」，「悲しみ」の認識率はそれぞれ95％，84％，94％，97％と高く，「恐怖」は53％で「驚き」に27％，「嫌悪」に10％誤認識されており，また「嫌悪」は77％で「怒り」に20％誤認識されていた．特に「恐れ」は「驚き」によく似ており，表情認識の訓練を受けていない人はその区別がつきにくいからであると思われる[7]．しかし，6基本表情についての平均では83.3％という高い認識正解率が得られた．この値は，表情認識の訓練を受けた人が俳優の演じた6基本表情を識別した場合の平均正解率の87％[8]とほぼ同等の値であり，顔ロボットにより6基本表情が良く表出されていることが確認された．

5.6 顔ロボットによる動的な表情表出

5.6.1 FMAの問題点

ところで，人間対人間のコミュニケーションでは，人間は相手の顔表情を連続して見ており，刻々と変わる相手の顔表情の微妙な動きにより敏感に相手の感情を察するものと思われる．従って，顔ロボットの表情表出過程(動的顔表情表出)は，人間と機械とのよりリアルなコミュニケーションのために，また機械の「感性的」情報を的確に人間に伝達するために，重要な要素であると考えられる．動的顔表情表出に関する研究は，コンピュータグラフィックス(CG)を用いた報告が数例あるが，人の表情表出の動的過程に関する検討は十分ではない．また，ロボットによる動的顔表情表出に関する報告

は見当たらない．そこで，よりリアルな動的顔表情表出を行なうための第一段階として，人間の表情表出過程を顔ロボット上に実現する方法を検討した．

顔ロボットの表情を表出するためのアクチュエータ FMA はシリコンゴムでできていることから，時間応答が遅い．人間の顔面上での特徴点の変位と時間の関係を調べた結果，人間と同速度の表情表出を FMA により実現することが不可能であることが明確になった(最大で人間の5倍の時間を有する)．

そこで，FMA に変わる新しいアクチュエータを製作し，それにより顔ロボット上に人間の表情表出過程を実現した．

以下，人間の6基本表情の表出過程における顔面上の特徴点の変位と時間の関係を調べ，次に新しいアクチュエータである ACDIS の開発について述べ，最後に ACDIS による顔ロボットの表情制御について説明する．

5.6.2 顔表情の表出における特徴点の動的変化

人間が表情を表出するとき，その顔の特徴点の動的変化，すなわち，変位—時間関係に注目し，これを顔ロボット上で実現することを目指して，それらの特徴点の動的移動の実測を行なった．図5.12に，顔の特徴点(1〜7)と表情を表出する際にその特徴点が動く方向を示す．特徴点2と7の2点はX方向の動きがあるので，特にXとYを区別してある．座標系の説明上，顔の右半面とその座標系(O-XY)を示す．顔の逆半面の座標系では，X方向のみ逆(負の値)になる．これらの特徴点は顔面の動きが良く表現でき，比較的安定かつ容易に抽出できる点として崔ら[9]が表情分析に用いたものである．またこれらの特徴点の動きは，図5.2に示した顔ロボット上に表情を表出するための制御点(Control Points：①

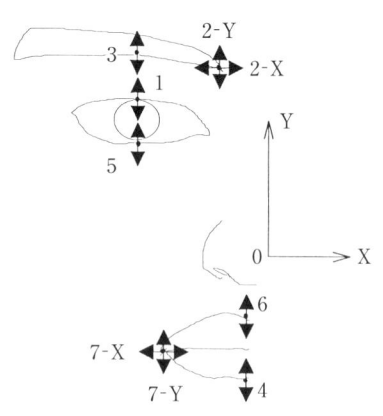

図5.12 表情表出のための顔の特徴点

表5.8 表情表出のための特徴点を動かす制御点

FCP No.	Control Point	
	Right	Left
1	9	10
2-X	6	7
2-Y	2, 6	3, 7
3	1, 6	4, 7
4-(+Y)	18	
4-(−Y)	Stepping motor	
5	5	8
6	13	
7-X	11, 14, 16	12, 15, 17
7-Y	11, 16	12, 17

〜⑱)を動かすことにより容易に顔ロボットの顔面上で制御される点である.

表5.8には各特徴点を動かすための制御点の番号を示す.ただし,この表に示したように,特徴点4のYの正方向の変位量は,制御点18に対応したFMAにより制御し,負方向の変位量はステッピングモータモータにより制御する.

人間の顔の特徴点の変位-時間関係を調べるためには,まず人間の顔の「中立」表情から「ある基本表情」まで連続的に変化する表情画像を収集する必要がある.3人分の動的表情表出過程を示す連続顔面像を収集し,これらの顔画像は,それぞれCRTモニターの大きさ(640×400)ピクセルの中に収まり,顔画像の特徴点の座標値(ピクセル値とする)は,マウスを用いてコンピュータに入力する.その座標値から特徴点の変位-時間関係,すなわち特徴点の「中立」からの変位量と時間の関係を算定する.ここでピクセル値から変位量を計算するとき,実測値をもとに1ピクセルを0.42 mmという較正値を用いた.一例として,「驚き」について,特徴点の変位-時間関係を図5.13に示す.たとえば被験者Aの場合,「驚き」及び「恐怖」の表情表出では600 m秒,「嫌悪」では800 m秒,「怒り」では400 m秒,「幸福」では500 m秒,「悲しみ」では1500 m秒を有した.同量の変位量をFMAを用いて,顔ロボット上で実現する場合,「驚き」,「恐怖」,「怒り」では5

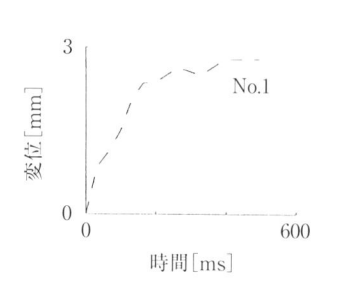

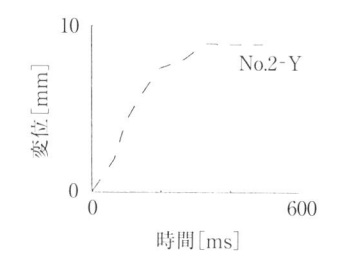

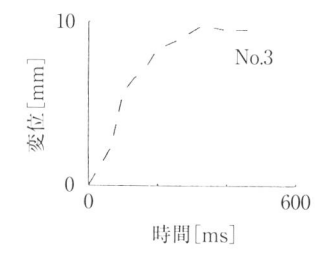

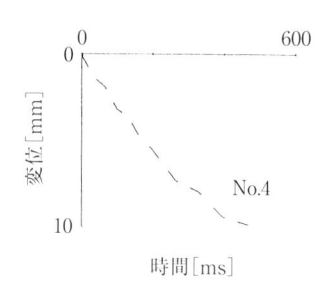

図 5.13 人間の「驚き」の特徴点の時間変化

倍の時間(それぞれ 2.2 s, 2.0 s, 1.9 s),「嫌悪」と「幸福」では4倍の時間(それぞれ 3.0 s, 2.1 s),「悲しみ」では2倍の時間(3.0 s)が必要になり,人間と同速度の表情表出は不可能であることが明らかとなった.なお,図からも分かるように,各表情において特徴点が全て動くわけではない.

5.6.3 新しいアクチュエータ ACDIS

先述したように,FMAでは人間と同程度の表情表出速度が実現できない(問題点①).また,実際の人間とのコミュニケーションにおいて顔ロボットの表情を連続して様々に動かしたい場合,変位量を計測できないFMAは不都合である(問題点②).そこで,これらの問題を解決するために新しいアクチュエータを開発した.

新しいアクチュエータの開発にあたっては,上記の二つの問題点を解決するとともに,③FMAの代わりに取り付けられるように,FMAと同程度に小型であること,④扱いやすい空気圧で駆動すること,⑤18個のアクチュエータが必要なので安価であること,

図 5.14 ACDIS の構造

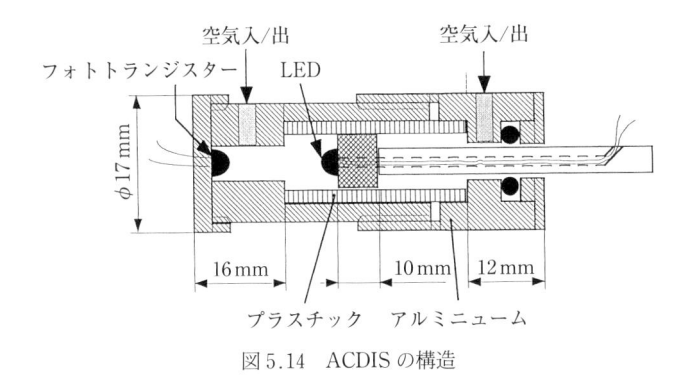

を考慮した.図 5.14 に開発したアクチュエータである ACDIS(ACtuator for the face robot including DIsplacement Sensor)の構造を示す.開発した ACDIS は,空気圧駆動の複動型ピストンで応答速度は十分速く,人間と同速度の表情表出が可能である(①,④に対応).また,ACDIS は図に示すようにシリンダ内部に LED とフォトトランジスタを埋め込んでおり,フォトトランジスタの出力電圧値から LED とフォトトランジスタとの距離(変位量)が測定可能である(②に対応).そこで,ACDIS の変位量の制御では,予め多項近似したフォトトランジスタの出力電圧値と変位量の関係式を用いて,出力電圧値を変位量に変換することができる.

次に,③の大きさの問題に関して FMA と ACDIS を比較する(表 5.9).顔ロボットで用いている FMA のうち最小のものは 46 mm である(固定部 16 mm,駆動部 30 mm).FMA の変位量は駆動部の 2 割程度なので,変位量は約 6 mm となる.これに対し,ACDIS の全長はピストンの駆動領域以外に 38 mm(12 mm + 10 mm + 16 mm:図 5.14 参照)を有するだけなので,変位量 6 mm の場合は全長 44 mm と僅かに FMA より短くできる.さらに

表 5.9 FMA と新しいアクチュエータ ACDIS の大きさの比較

	FMA	ACDIS
全長(変位量 6 mm の場合)	46 mm	44 mm
全長(変位量 20 mm の場合)	120 mm	56 mm
直径	ϕ16 mm	ϕ17 mm

最長の FMA は全長 120 mm(変位量 20 mm)であるのに対し，同様の変位量を実現できる ACDIS の長さは 58 mm と FMA の半分以下の長さにできる．

また，直径を比較すると，FMA の直径 ϕ 16 mm に対し，ACDIS は ϕ 17 mm と僅かに大きいが，FMA の代わりに取り付けるのに特に問題ない．以上のことより，開発した ACDIS は，FMA の代わりに用いるものとして十分に小型である．

また，通常シリンダを加工する場合，シールドの問題からシリンダ円筒内面を，ホーニング仕上げという特殊な加工をしなければならず，加工費が非常に高くなる．そこで，安価に手に入る注射器(プラスティック製，約 100 円)のシリンダ部分とオイルシールを用い，そのシリンダ部をアルミで加工した外枠で挟み込むことにした．注射器のオイルシールに関しては，8 気圧を注入し，かつ負荷をかけても全く空気漏れがないことを事前に確認した．このようにすることで，最終的な ACDIS の製作費は 1 ヶ 1,000 円以下で(センサー，空気流入用のコネクタ 2 ヶも含む)，十分安価であるといえる(⑤に対応)．

前述したように，顔ロボットでは全長 120 mm，76 mm，56 mm，46 mm，変位量がそれぞれ 20 mm，12 mm，8 mm，6 mm の 4 種類の長さの FMA を用いた(表 5.10)．ところで ACDIS は，FMA より小型化できること，加工の容易さからできるだけ同じ長さのものが多い方が都合良いこと，変位量に余裕を持たせたいことから，変位量 20 mm と 12 mm の FMA の代わりに変位量 25 mm，全長 63 mm の ACDIS を用意し，変位量 8 mm と 6 mm の FMA の代わりに変位量 15 mm，全長 53 mm の ACDIS を用意した．従って，最終的に全長 63 mm と 53 mm の 2 種類の ACDIS を，それぞ

表 5.10 FMA と ACDIS の大きさと個数の比較

変位量	FMA 全長×個数	変位量	ACDIS 全長×個数
20 mm	120 mm×4	25 mm	63 mm×12
12 mm	76 mm×8		
8 mm	56 mm×4	15 mm	53 mm×6
6 mm	46 mm×2		

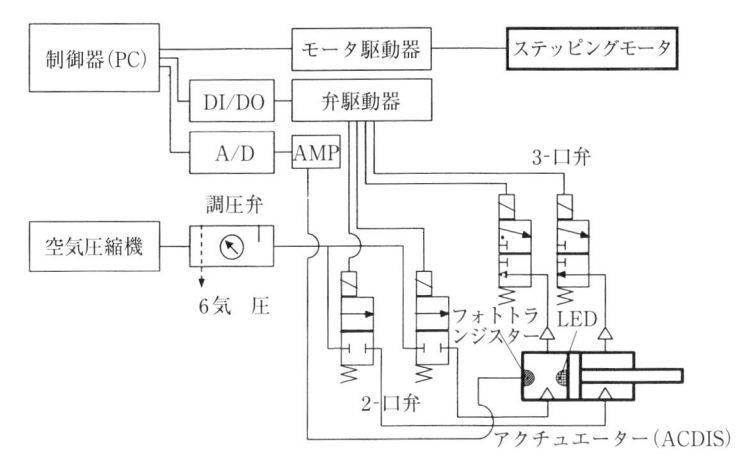

図5.15 ACDISを駆動する制御システム

れ12ヶと6ヶ製作した．

5.6.4 ACDISによる動的な表情表出実験

ACDISは複動型ピストンなので，シリンダ内の2部屋にそれぞれに空気を注入，排出することにより変位量を制御する．図5.15に制御システム図を示す．ところで，人間の表情表出結果から，人間と同速度の表情表出を行なうためには振幅10 mm，1.0 Hzの応答ができれば十分であると考えられる．そこで，0.2 Hzから1.0 Hzまで0.2 Hz刻みで周波数を変化させ，変位量25 mmのACDISでは振幅5 mmと10 mmの場合について，変位量15 mmのACDISでは振幅5 mmの場合について，動特性実験を行なった．この結果をボード線図として図5.16に示す．十分に良好な周波数応答特性が得られ，ACDISによる人間と同速度の表情表出は可能であることが明確となった．

ACDISの変位量を制御し（変位制御である），顔ロボット上に人間の表情表出過程の実現を試みた．すなわち，人間の表情表出過程における特徴点の変位を目標変位とし，ACDISの変位量を比例型フィードバック制御で制御した．一例として，「嫌悪」に関する人間の特徴点の変位と顔ロボットの特徴点の変位を図5.17に示す．図中，太い切線/点線はACDISの変位量を示し，細い実線は人間の表情表出過程を近似したものである．この結果より，

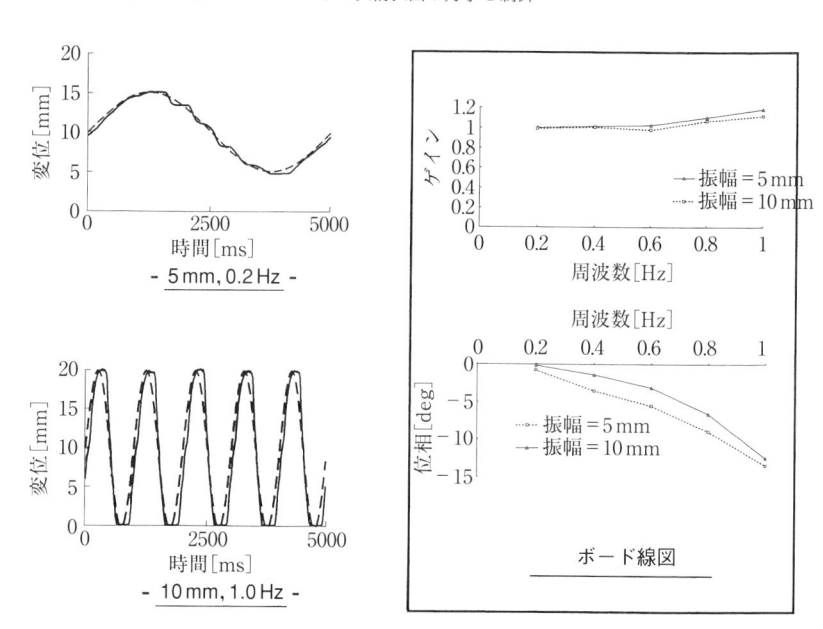

図 5.16　ACDIS のピストン変位の追従波形とボード線図

ACDIS を用いた場合，人間と同速度・同変位の表情表出が精度良くできていることが明らかとなった．図 5.18 は「恐怖」の表情を顔ロボットは表出した時の顔の時系列変化を示す例である．

5.7　まとめ

人間と同様な顔表情を表示する顔ロボットシステムを構築するに当たり，顔ロボットが表情を表出するためのアクチュエータとして FAM を選び，FMA の変位特性の検討から，6 基本表情(驚き，恐怖，嫌悪，怒り，幸福，悲しみ)に必要な人工顔皮膚の動きを作り出すことが可能であることを示した．次に，表情表出のパラメータとして，AU を採用し，AU を実現できる顔ロボットの機構と構造を明らかにした．続いて顔ロボットの静的表情表出実験を行なった．まず，AU に従って 6 基本表情の表出を行ない，顔ロボット上に最終的に表出された 6 基本表情の認識実験を行なった．30 人の被験者により，顔ロボット上に表出されている表情の種類を 7 カテゴリー(6 基本表情＋中立)の中から選ばせたところ，6 基本表情について平均 83.3% の

認識正解率が得られ、顔ロボット上に表情が十分良く表出されていることが確認された。

次に，人間の動的表情表出過程を顔ロボット上に再現することが重要であると考え，6基本表情について人間の表情表出過程（顔の特徴点の変位と時間の関係）を調べ，各表情毎に特徴点の変位—時間関係を明らかにした．顔ロボットの表情表出は人間と同速度が望ましいが，FMAでは実現できないことを明確にした．そこでこの問題点を解決するためにFMAに代わるア

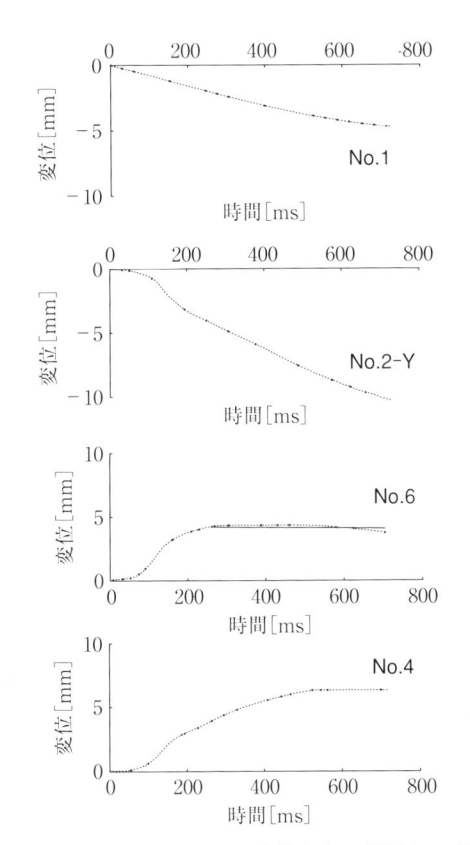

図 5.17 ACDISによる動的な表情表出：「嫌悪」の場合

クチュエータとしてACDISを開発した．すなわち，ACDISは複動式空気圧シリンダを採用することで人間と同速度の表情表出を可能とし，シリンダ内部とシリンダ内のピストンにそれぞれフォトトランジスタとLEDを取り付けることで，ピストンの変位量を計測できるようにした．そして，ACDISによる動的表情表出を行なった結果，人間と同速度の6基本表情表出ができることを確認した．

最後にこの顔ロボットは，その眼球内に装着した小型のCCDカメラから，人間（パートナー）の顔画像を取り込み，顔表情の実時間認識を実行し，それに対応した顔表情を実時間で表出するシステムにとして完成する．この

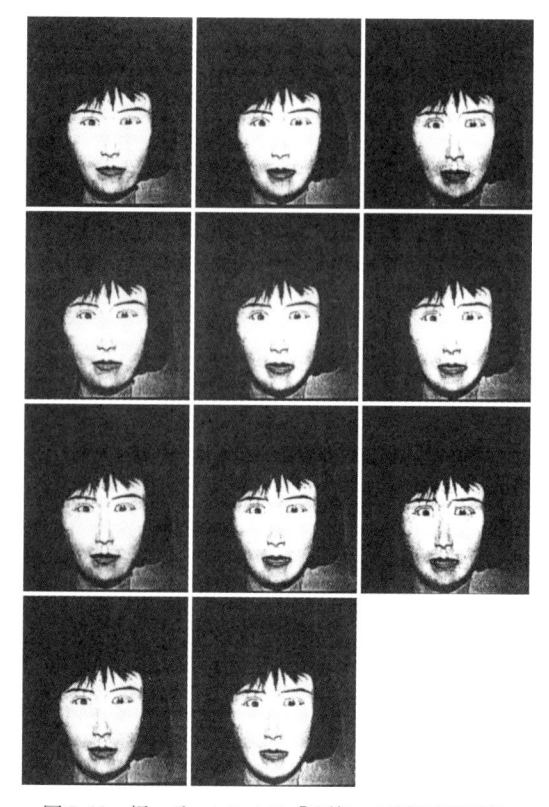

図5.18 顔ロボットによる「恐怖」の表情表出過程

ようにして，顔ロボットシステムは，表情知覚認識と表情表出行動を感覚一行動として統合する「人工感情」の生成の方法論の開発プラットフォームとして利用されていることを銘記しておく．

参考文献

1) F. Hara and H. Kobayashi : State-of-the art in component technology-its component technology development for an animated face robot with interactive communication with humans, Advanced Robotics, Vol. **11**, No. **6**, (1997) pp. 585-604.
2) D. Terzopoulas and K. Waters : Analysis and synthesis of facial image sequences using physical and anatomical models, IEEE Trans. Of PAMI,

Vol. 15, No. 6, (1993) pp. 569-579.
3) P. Eckman and W. V. Friesen: Facial action coding consulting, Psychologist press (1977).
4) 鈴森:フレキシブルマイクロアクチュエータに関する研究, 日本機械学会論文集(C), 55巻, 518号, (1989) pp. 2547-2552.
5) 小川他:解剖学I, 金原出版(1991).
6) 小林, 原:ニューラルネットによる人の基本表情認識, 計測自動制御学会論文集, 29巻, 1号, (1993) pp. 112-118.
7) 工藤(訳):表情分析入門, 誠心書房(1988).
8) J. B. Bassil: Emotion recognition; the role of facial movement and the relative importance of upper and lower areas of face, J. Personality and social psychology, Vol. 37, No. 11. (1979) pp. 2049-2058.
9) 崔, 原島, 武部:顔の三次元モデルに基づく表情の記述と合成, 電子情報通信学会論文誌(A), J73巻, 7号, (1990) 1270-1280.

索　引

ア　行

Action Unit（AU） ……………………157
アクティブサスペンション制御 ………92
アクティブ・ヒューマン・インターフェイス ………………………………156
アジ形 ……………………………………5
足首トルクセンサ ……………………132
足底圧センサ ……………………………132
アスペクト比 ……………………………7
圧力抵抗 …………………………………8
γ 線維 ……………………………………120
アンブル歩容 …………………………67
怒り ……………………………………156
位相 ………………………………………66
イルカの泳運動 ………………………33
イルカロボット ………………………33
ウェーブ歩容 …………………………68
上瞼 ……………………………………162
ウォーク ………………………………50
渦点 ……………………………………25
ウナギ形 …………………………………5
運動計画 ………………………………49
エアタンク ……………………………34
エアモータ ……………………………34
エキスパートシステム ………………61
ACDIS …………………………………175
エネルギ消費 ………………106, 128, 145
円弧状足底型歩行 ……………………127
オトガイ ………………………………164
驚き ……………………………………156

カ　行

顔の特徴点 ……………………………160
顔表情 …………………………………155
顔ロボット ……………………………155
角運動量損失 …………………………124
角運動量保存則 ………………………122
拡張トロット …………………………80
拡張トロット歩容 ……………………69
下腿部切除 ……………………………58
悲しみ …………………………………156
カマイルカ ……………………………33
環境 ……………………………………39
関係生成ルール …………………47, 63
眼球 ……………………………………164
間欠トロット …………………………80
間欠トロット歩容 ……………………69
感性情報 ………………………………155
慣性モーメント ………………………106
閾値素子 ………………………………43
逆問題 …………………………………52
顔面皮慮 ………………………………165
機械インピーダンス …………………145
局所フィードバック …………………112
競合的 …………………………………55
協調的 …………………………………55
恐怖 ……………………………………156
ギャロップ …………………………50, 67
キャンタ ………………………………67
近似解 …………………………………40
筋制御システム ………………………120
筋肉 ……………………………………42
筋紡錘 …………………………………120
首 ………………………………………164
クロール歩容 …………………………66
KYS 振動 ………………………………46
KYS 振動子 ……………………………46
撃力ベクトル …………………………110
蹴り動作ありの歩行 …………………124
蹴り動作なしの歩行 …………………124
嫌悪 ……………………………………156

個	56	準推進係数	4
コイ・フナ形推進	6, 12	準定常揚力	17
公称床反力中心	116, 117	修飾物質	43
拘束条件	42	シリコンゴム皮膚	158
幸福	156	神経回路網	42
骨格フレーム	165	神経節	53
誤認識	171	進行波	5
コンプライアンス機構	140	振動翼推進船	2

サ 行

		人工感情	155
		人工心理	155
Sagittal 平面	106	推進効率	1, 4, 13, 29
細長物体の理論	12, 28	推力	9
細長比	29	推力係数	19
最適解	40	推力効率	19
最適効率	55	スカイフックサスペンション	96
Cybernetics	39	スキンメーカー	167
サスペンション	92	ステッピングモータ	164
3関節平板形モデル	24	スラスタ	4
3次元非圧縮粘性流体	3	制御点	160
三半規管	105	生成的な知	40
張留振動	113	精子・ヘビ形推進	5, 8
CFD	4	静的安定性	70
ジェット推進	8	静歩行	70
自航式ロボット	2	背推動物	49
自己言及性	41, 63	ZMP	73, 113, 114, 116
支持脚	67, 105	ゼロモーメント点	113, 114
支持脚線	88	ゼロモーメントポイント	73
支持領域	70	線形倒立振子モード	136
下瞼	162	セントラルパターンジェネレーター (CPG)	49
自他分離	40, 41	前縁吸引力	17, 27
自他非分離	41	全体	56
質感	166	前庭器	105
CPG	53	前頭面	106
支配固有値	148	全方向移動	81
シーボーグ	2	全方向歩行	85
消費パワー	4	相転移現象	58
上腿部切除	58		
情報生成	63	## タ 行	
縦安定余裕	70		
重心位置制御	129	多形回路	43, 53

Duffing	44
ダランベールの原理	114
探索的な知	40
単脚支持期	115
力制御	92,169
力センサ	93
着地速度制御	129
着地点決定	81
着地点制御	129
月形ひれ	21
抵抗力	9
抵抗力理論	8,28
定常歩行	126
Tilt 限界	146
近次元モデル	146
デューティ比	67
伝達馬力	4
伝搬速度	9
倒立振子型歩行	127
倒立振子モデル	121
動歩行	71
動的安定性	71
動的安定余裕	149
動的効果	78
動的顔表情表出	171
動粘度	3
特異姿勢	108
特異摂動法	147
吐出渦	17
トライポッドパターン	52
トロット	50,79
トロット歩容	66
トルク制御	133

ナ 行

ナビエ・ストークス方程式	3
2関節イルカ形モデル	27
2次元振動翼理論	2,14,17,28
2点ヒンジ	7,24,28
認識正解率	171
能動的なコミュニケーション	156
ノーバート・ウィナー	39

ハ 行

剥離せん断層	25
5リンクモデル	118
パターンジェネレータ	121
パッシブ(受動)歩行	126
パッシブ歩行ロボット	127
バックドライブ	110
バックラッシュ	111
バウンド	66,79
羽ばたき推進	8
ハーモニックドライブ減速機	140
歯	166
反共振周波数	112
BVP 方程式	44
膝ロック機構	146
非線形振動子	44
非線形性	22
比例型フィードバック制御	177
比例・微分制御方式	119
ピッチ軸	106
ピッチング	2,15
ピッチング軸	15,20
ヒービング	2,15
評価関数	40
ファジー理論	61
van der Pol	44
Fizthugh-Nagumo	44
VCUUV	2
フィードバック制御	120
フィードフォワード制御	120
フェザリングパラメータ	2,15
付加質量	8
付加質量力	12
不完結システム	41
複雑系	40,41
複動型ピストン	175
不良設定問題	41,63

フレキシブルマイクロアクチュエータ
　(FMA) ……………………………157
プログラム式協調制御 ……………148
プロンク ………………………………66
平均翼弦長 …………………………33
ペース …………………………66, 79
ベッセル関数 …………………………18
ヘルムホルツの過定理 ………………17
変位制御 ……………………………177
歩行制御 ……………………………42
Hodgkin-Huxley ……………………44
ボード線図 …………………………177
歩容 …………………………………145
歩容線図 ……………………………68

マ　行

マグロ・イルカ形推進 …………6, 14
Mathieu ………………………………44
摩擦抵抗 ………………………………8
無限定問題 ………………………40, 41
無次元振動数 ………………………19
メタクロナール ………………………52
メンバーシップ関数 …………………61
目標 ZMP ……………………117, 141
モデル ZMP 制御 ……………………142
濡れ面面積 …………………………33

ヤ　行

矢状面 ………………………………106

有効馬力 ………………………………4
幽門神経系 …………………………43
遊脚 …………………………66, 106
床反力 …………………………73, 109
床反力制御 …………………………141
床反力中心 …………………………115
横力 …………………………18, 31
翼弦長 ………………………………15
翼幅 ……………………………………7
翼面積 …………………………………7
ヨー軸 ………………………………106

ラ　行

Lateral 平面 ………………………106
リアルタイム指令 ……………………85
Locomobility Measure ……………149
立脚切り換え相 ……………………145
離散時間システム …………………123
リミットサイクル ……………………121
両脚支持期 …………………………116
良設定問題 …………………………41
レイノルズ数 …………………………3
連成系 ………………………………24
連続の式 ………………………………3
6 基本表情 …………………………156
ロール軸 ……………………………106

®	〈学術著作権協会委託〉	
2002	2002年4月10日　第1版発行	
生物型システムの ダイナミックスと制御		
学会との申 し合せによ り検印省略	編　集　者　社団法人　日本機械学会	
	発　行　者　株式会社　養賢堂 　　　　　　代表者　及川　清	
©著作権所有		
本体3400円	印　刷　者　株式会社　真興社 　　　　　　責任者　福田真太郎	

発　行　所　〒113-0033 東京都文京区本郷5丁目30番15号
　　　　　　株式会社 養賢堂
　　　　　　TEL 東京(03)3814-0911 [振替00120]
　　　　　　FAX 東京(03)3812-2615 [7-25700]
　　　　　　URL http://www.yokendo.com/
　　　　　　ISBN4-8425-0091-3 C3053

PRINTED IN JAPAN　　　　製本所　板倉製本印刷株式会社

本書の無断複写は、著作権法上での例外を除き、禁じられています。
本書からの複写許諾は、学術著作権協会(〒107-0052東京都港区赤坂
9-6-41乃木坂ビル3階、電話03-3475-5618、FAX03-3475-5619)
から得て下さい。